生命 ふしぎ図鑑

発光する生物の謎

著 マーク・ジマー　訳 近江谷 克裕

西村書店

カバー写真：ドラゴンフィッシュ
深海にすむ発光生物である彼らは、赤く光る発光組織を目の下にもっており、赤い光を見ることのできない他の生物を捕らえたり、敵をいち早く発見し逃れるために、この光を照明として利用する。

Bioluminescence
Nature and Science at Work
Marc Zimmer

Copyright © 2016 by Marc Zimmer
Japanese edition copyright © 2017 by Nishimura Co., Ltd.

Published by arrangement with Twenty-First Century Books, a division of Lerner Publishing Group, Inc., 241 First Avenue North, Minneapolis, Minnesota 55401, U.S.A., through Japan Foreign-Rights Centre.
All rights reserved.

No part of this edition may be reproduced, stored in a retrieval system, or transmitted in any form or by any means-electronic, mechanical, photocopying, recording, or otherwise-without the prior written permission of Lerner Publishing Group, Inc.

All copyrights, logos, and trademarks are the property of their respective owners.
Printed and bound in Japan

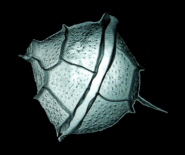

目次

第 1 章
生物が放つ光の贈り物……4

第 2 章
自然界を彩る発光生物たち……10

第 3 章
生物発光のモデル生物はホタル……24

第 4 章
生物発光で挑む科学者たち……30

第 5 章
生物蛍光、光で彩る生物たち……36

第 6 章
緑色蛍光タンパク質革命……42

第 7 章
蛍光タンパク質がきらめく最新科学……46

用語解説 ● 62
訳者あとがき ● 64

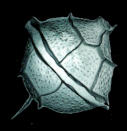

第 1 章

生物が放つ光の贈り物

夜、ホタルの光の輝きは、誰でもみることができる。
しかし、この光が極めて効率よく生みだされ、熱を
発しないことはあまり知られていない。

夏、ホタルを目にしたとき、気持ちが和みます。夜の散歩が心地よい時季、飛び交う光のきらめきが、新鮮に映るためかもしれません。でも、どうしてホタルは光を点滅させるのでしょうか？　ホタルの光が電球のように熱くないのは、なぜでしょうか？　どうして、ホタルは光り始めたのでしょうか？

私たちは、このホタルをはじめ、他の光を発する生き物を発光生物とよびます。バイオルミネセンス Bioluminescence（生物発光）という言葉はギリシャ語の *bios*（生き物）とラテン語の *lumen*（光）が語源です。多くの生き物は進化の過程で発光（光を自らが生み出す）する能力、あるいは他の発光生物の光を獲得（発光生物と共生する）する能力を身につけました。また、おもしろいことに異なる発光生物は、異なる化学反応の仕組みで光を生み出します。一方、光る理由も様々です。例えば、情報交換のため、餌を獲得するため、あるいは自分の身を隠すために光っていると考えられています。生物発光はとてもユニークな現象です。生物界における適応進化の魅力的な例でもあります。驚くことに、現在知られている動物の門レベル（分類学に従って分けられたグループ）では、およそ半数の門に発光する種が存在しています。

生物が放つ光の贈り物

ルシファー（発光の素)の発見

19世紀のフランスの生理学者ラファエル・デュボアは、生物発光には少なくとも2つの化学物質が必要であることを発見しました。1885年、彼は「南アメリカのホタル」として知られていたヒカリコメツキ（*Pyrophorusnoctilucus*）の幼虫の発光器をすりつぶし、冷たい溶液を加えると発光液（冷水抽出液）ができることを見つけました。その冷水抽出液が時間経過とともに光らなくなることにも気づいたのです。

デュボアは仮説を立てました。つぶした発光器に熱い溶液（熱水抽出液）を加えた時はおそらく光らないが、この熱水抽出液が冷えるのを待ち、そこに光らなくなった冷水抽出液を加えたら、再び光り始めるのではないかと考えたのです。

つまりデュボアは、冷水抽出液と熱水抽出液には異なる重要な物質が含まれていると推測しました。発光器には、光を生み出す2つの化学物質があったが、冷水抽出液ではそのうちの一つがなくなってしまい、同じように熱水抽出液の中では光を生み出すもう一つの化学物質が熱によって失われて、光を生み出すことができなかったと考えたのです。

デュボアの仮説は実験によって見事に証明され、2つの液体を加えると、再び液体は光り始めました。つまり、光が消えた冷水抽出液でなくなった化学物質は、熱水抽出液の中ではなくなっていなかったのです。デュボアは光を生み出し続けた冷水抽出液の中で消費されたものをルシフェリンと名づけました。そして、熱水抽出液で壊されたものをルシフェラーゼと名づけたのです。2つの名称の由来であるルシファーは、聖書の中の堕天使の名前でした。

デュボアは同様の実験を複数の発光生物で試し、同じ結果が得られることを確認しました。実は、1978年には、科学者は温度に敏感な酵素というものが、生体内の化学反応を手早く、効率よく進める触媒であることを知っていたのです。よって、デュボアはルシフェラーゼ、つまりは温度に敏感な成分が酵素であると考えたのです。彼が正しかったことは、21世紀の研究者の誰もが知っています。すべての発光生物がルシフェリンとルシフェラーゼをもち、2つの化学物質が反応することで光が生まれます。また、すべての発光生物は異なるルシフェラーゼをもっています。しかし現時点で、ルシフェリンは化学構造から9つに分類されるものしかわかっていません。知られているルシフェリンには、ホタル、（発光）貝、バクテリア、渦鞭毛虫、ウミシイタケやクラゲ等（セレンテラジンともいう）、ウミホタル、（発光）ミミズ2種、発光キノコのルシフェリンがあります。

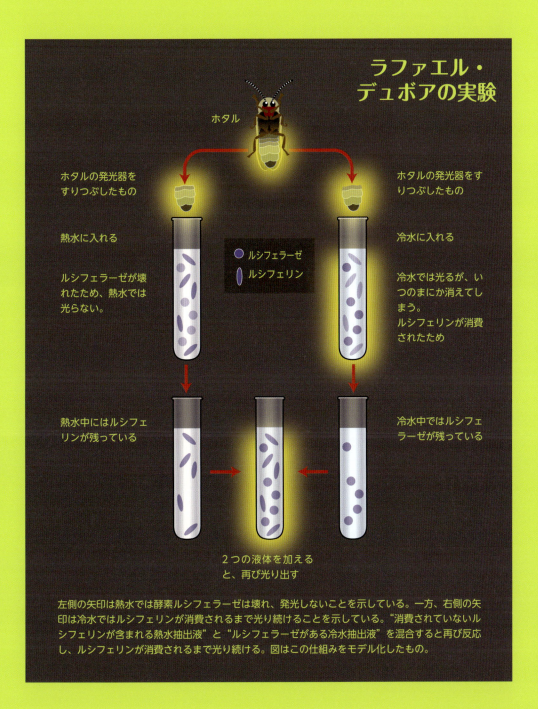

左側の矢印は熱水では酵素ルシフェラーゼは壊れ、発光しないことを示している。一方、右側の矢印は冷水ではルシフェリンが消費されるまで光り続けることを示している。"消費されていないルシフェリンが含まれる熱水抽出液"と"ルシフェラーゼがある冷水抽出液"を混合すると再び反応し、ルシフェリンが消費されるまで光り続ける。図はこの仕組みをモデル化したもの。

光の色　スペクトル

　光は時には波のように、時には粒子のように振る舞う電磁波の一種であり、電磁放射（線）ともよばれる。発する光の波の間隔を波長とよび、より短い波長が、より高いエネルギーをもっている。電磁波スペクトル（電磁波の連続的な広がりの範囲）は高いエネルギーの短波長から低いエネルギーの長波長を含むが、特に、ヒトの目で見ることができる電磁波スペクトルを可視光とよぶ。この可視光のスペクトルは電磁波の中ではたいへん狭い範囲である。

　可視光の中で赤色は最もエネルギーの低い長波長の光である。オレンジ色、黄色、緑色、青色、そして紫色と順々にエネルギーの高い短波長の光となる。深海に生息する魚たちに見える光の色は、ヒトより限定されていて、青色に限られる。しかし、一部のエビの仲間は紫外線、可視光線、近赤外光線まで見ることができる。紫外線は可視光より高いエネルギーの電磁波であり、近赤外光線は赤色よりも低いエネルギーの電磁波である。

　太陽はすべてのスペクトルの電磁波を放っている。最も危険な高いエネルギーの放射線は地球に到達する前に大気に吸収されてしまう。地球にとってかけがえのないエネルギー源となるものの多くは可視光線、特に黄色の光である。

可視光線のスペクトル

低いエネルギー / 長波長　　　　　　　　　　　　高いエネルギー / 短波長

　光の波長の単位は nm（ナノメートル）で表され、放射エネルギーは eV（エレクトロンボルト）で測定される。ヒトが見ることができる可視光（上のチャートに示す）はスペクトルの一方の端である高いエネルギーの紫色、青色から、もう一方の端となる低いエネルギーのオレンジ色、赤色となる。発光生物を含む多くの動物たちはヒトが見える範囲と同じ範囲の可視光線を見ることができる。

生物発光は特別な光

　生物の不思議な光の輝きは、何世紀にもわたって私たちの好奇心をかき立ててくれています。科学者はこの天然の光について、すべて理解しているわけではありませんが、それらの光を使いこなす知恵をもち、多くの場面で活用しています。

　最も重要な研究成果の一つは、生物発光が顕微鏡観察の世界に色彩豊かな革新と発展をもたらし、科学、医学を進歩させた点です。例えば、実験室で科学者は遺伝子工学により、発光タンパク質や蛍光タンパク質をマラリア原虫に導入し、光るマラリア原虫をつくりました。次に、光るマラリア原虫を蚊（宿主）に感染させ、さらに蚊からマウスにマラリア原虫を感染させます。この結果、科学者は光るマラリア原虫が宿主マウスの白血球から逃れ、次の宿主となるマウスの肝臓に隠れようとする姿を追跡できたのです。

　光るタンパク質は21世紀の医学に大きく貢献しました。そして、光るタンパク質を用いた研究により2つの研究テーマに関わる人々がノーベル化学賞を受賞しました。その一つが、2008年の緑色蛍光タンパク質ＧＦＰ（green fluorescent protein）を発見、発展させた点が評価された下村脩、マーティン・チャルフィー、そしてロジャー・チェンのノーベル化学賞の受賞です。そして2014年には、超解像顕微鏡に関わる研究が評価され、エリック・ベッチグ、ステファン・ヘルそしてウィリアム・モーナーが同じくノーベル化学賞を受賞しました。超解像顕微鏡は、蛍光タンパク質を基礎に、光の波長より小さい対象を観察するという画期的な方法です。

第2章
自然界を彩る発光生物たち

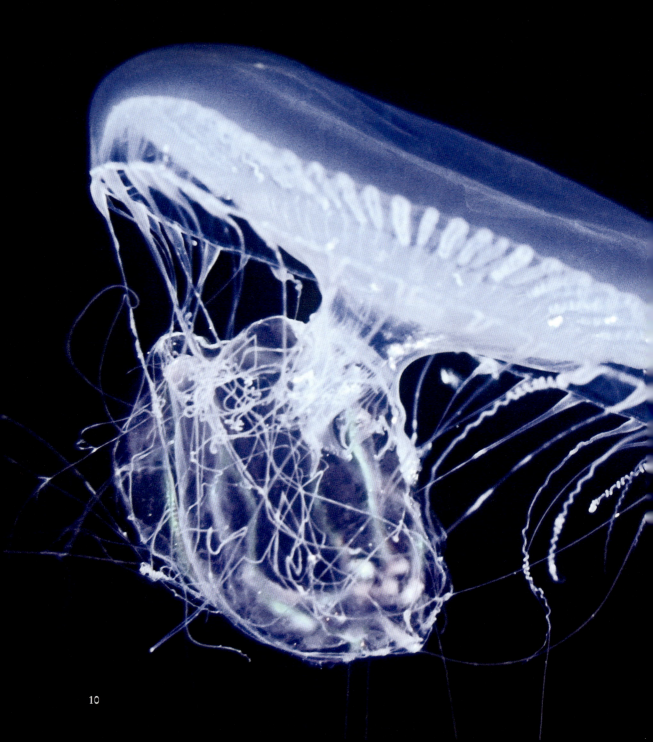

100万年以上前から動物たちは、身を守るため、コミュニケーションをとるため、食物を獲得するため、あるいは交尾するため、光を放っていました。イカ、タコ、クラゲ、エビ、魚、バクテリアなどの多くの発光する生物は海洋に生息しています。海底の平均的な水深はおよそ 4 km と言われていますが、自然光はこの深さまで到達することができないため、ここは暗黒の世界です。科学者は、深い暗黒の世界に生息する脊椎、無脊椎動物の 8 割から 9 割は発光生物だと推測しています。そして、$1m^3$ 当たりの海水には少なくとも 1 個体の発光生物がいると考えられています。この暗黒の海洋の中では、それらの発光生物の光が唯一の光となります。

　広い海洋の中で、海の生物たちが隠れることができる場所はそう多くありません。よって、多くの海洋生物は敵から身を守るため、より深い暗い海の中に移動します。深い海の底に生息する魚やエビ、カニの仲間たちは目をもっていますが、この目は他の発光生物の光を見るためにあると考えられています。なぜなら、海洋に生息する生物に対し、生物発光は最高の目印になるからです。

　一方、淡水は浅いので、降り注ぐ光は水生生物の視覚を助けてくれています。そのため、彼らは餌を獲得したり、コミュニケーションをとったりするための生物発光は必要としないと考えられています。また、敵から身を守るための岩、草や泥などの隠れ家がたくさんあるので、それも生物発光を必要としない理由かもしれません。おそらく淡水に生きる生物には光を放つ必要がないのです。ただし、唯一の例外として、ニュージーランドのみに生息するラチアとよばれる笠貝は発光します。また、光のある陸上に生息する生物も発光する生物は数は少ないのですが、その中でも、ホタル、キノコ、ムカデ、ヤスデ、カタツムリ、ミミズなどの陸生生物の一部は暗い場所で光を放っています。

すべてのクラゲが発光するわけではないが、オワンクラゲ（*Aequorea victoria*）は発光する種である。このクラゲはアメリカ北太平洋沿岸や日本沿岸に生息する。

自然界を彩る発光生物たち

5層に分かれる海中

　海洋学者たちは、海洋を5つの層に分類し、探索、研究している。発光生物の多くは中層か下層に生息している。太陽の光は水中に降り注ぐが、光の量は深くなるにつれ減り、太陽光の可視光線のスペクトルも、赤から紫色の光の割合は地上に比べて急激に減少する。より深い水中は、より暗い環境となる。例えば、海面からの水深およそ200 mの中深海層では、水面に比べて100分の1程度の光の量になる。また、中深海層の最も深い場所、水深およそ1,000 mでは1兆分の1の光の量になる。

　中深海層やそれより深いところでは、水が太陽の光を吸収するため、そこまで到達できる光の波長は青色のみである。これが海洋に生息する発光生物が他の色の光でなく、青色の光を発する理由かもしれない。太陽の光がほとんど届かない漸深層、深海層、超深海層では80％以上の生物が発光生物であるとも言われている。

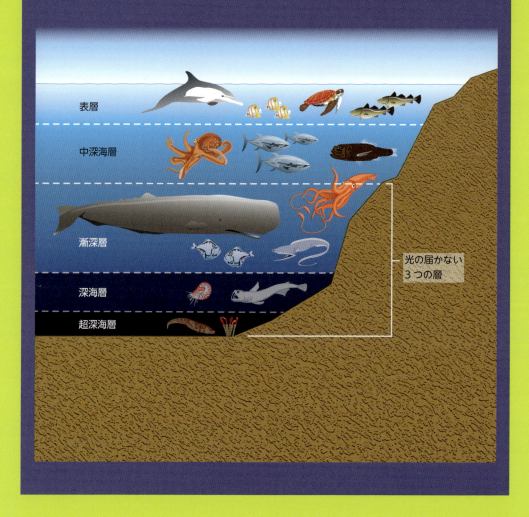

深海エビの一種ヒオドシエビ（*Acanthephyea purpurea*）は大きな外敵ホウライエソ（*Chauliodus danae*）から身を守るため、発光する粘液を吹きつける。

防御としての生物発光

　なぜ生物は発光するのか、共通する理由の一つが捕食者に対する防御です。特に、深海の環境の中で生き抜くために、光は生物にとって最大の防御となります。敵に襲われた時、ある種の深海エビは敵に対して青緑色に光り輝く粘着性の発光液を吹きつけます。この光の粘液は単に捕食者を脅かすだけなく、自らの姿を光の煙幕で隠すことになり、相手から身を隠すこともできます。

　世界中の海で最も個体数が多い脊椎動物はヨコエソ科オニハダカ属の深海魚と言われています。このとげのような小さな歯をもつ深海魚は8 cmくらいまでしか成長しませんが、海水面から150〜450 mの水深の海域に生息します。体色が黒から銀色に輝くこの深海魚には2つの発光する器官が頭部と胃の周辺にあります。この深海魚

ハワイのダンゴイカは、西太平洋の浅海域の砂浜にもぐりこんで生息する。夜間、餌を求めて泳ぎ回る性質がある。ダンゴイカの発光組織に住みつく発光バクテリアによって生み出される光の色は、イカの周りの海水の色と同化し、これを利用して姿をかくす。このカムフラージュをカウンターイルミネーションとよぶ。

は緑色と赤色の2つの生物発光の光を巧妙に混ぜて使っています。つまり、捕食者が下からこの深海魚を見上げても自分の姿（影）を見られないように2つの光の色を調整するのです。生物発光で自分の姿をカムフラージュする防御法は、深海の発光生物の共通点です。これを「カウンターイルミネーション」とよんでいます。

　ハワイのダンゴイカ（*Sepiola birostrata*）はカウンターイルミネーションの王様と言われています。ハワイ近くの太平洋沿岸に生息する彼らは、共生する発光バクテリアの光を用いて海水中に身を隠しています。この生物発光は、発光バクテリアが宿主の個体に生息する典型的な共生発光の例です。共生する発光バクテリアはイカの頭の後ろにあるマントのような発光器に生息しています。光り輝くダンゴイカはヨコエソ科オニハダカ属と同じように、お腹の空いた捕食者からは見えなくなります。

発光バクテリアとイカはともに良好な関係で共生しています。発光バクテリアからみれば、イカの内部にいることで安全に餌を確保できます。一方、イカにとっては、発光バクテリアが輝くことで、敵から身を隠すことができるのです。このイカと発光バクテリアは別々の生き物ですが、よき相棒同士です。科学者でさえ、十分に仕組みはわかっていませんが、イカはある特定の種の発光バクテリアだけを発光器に共生させています。しかも驚くことに、発光バクテリアの光が十分でなくなると、イカは用済みの発光バクテリアを追い出してしまうのです。

　イカの赤ちゃんが生まれた時、発光バクテリアは共生していません。しかし、生まれて数時間もたてば、発光バクテリアは赤ちゃんイカの発光器を見つけ、新しい住み家とします。最初は光りませんが、バクテリアが数百万個に増殖する頃には、イカも成長し、発光器もしっかりした器官に発達します。発達した発光器には光を拡散させるレンズ、光の検出器、反射板、そして光を制御するシャッターが備わっています。その中で発光バクテリアは一定の強度の光を放ち始めます。巧妙なことにイカは自らの光検出器を使い、放たれる光の量を調整するためにシャッターで発光器を閉じてしまうこともあります。発光器に仕込まれた道具を使い、イカは泳いでいる深さに到達する太陽の光の量に合わせて自らの光の量を調整します。このようにして、イカは姿を消しているのです。

　さらに発光バクテリアもイカの発光器に住みつき始めると、自らの特徴が変化し、鞭毛（べんもう）が失われ小さくなります。1匹の大人のダンゴイカの発光器官には1兆個以上の発光バクテリアが生息していると言われています。それぞれの発光器には多くの発光バクテリアが生息していますが、健康で活気に満ちた状態を保つため、過剰に増えることを防ぐ必要があります。そのため、なんと毎朝、多くの発光バクテリアを追い出すのです。追い出された発光バクテリアは、発光バクテリアを求める若いイカを次の住み家として見つけるのです。

本当は身近な発光性渦鞭毛虫（うずべんもうちゅう）

　渦鞭毛虫（渦鞭毛藻ともよばれる）は海洋中で最も簡単に見つかるプランクトンの一つです。プエルトリコが位置するカリブ海で1リットルの海水をすくい上げれば、そこにはおよそ20万個の渦鞭毛虫がいます。このプランクトンは2つの鞭毛をもち、英語名はディノフラジュレート（Dinoflagellate）といいます。*Dino* はギリシャ語で"回転する"、そして *Flagellae* はラテン語の"しっぽ"を意味しています。つまり渦鞭毛虫は2本のしっぽ（鞭毛）を回転させて泳ぐプランクトンです。夜間、波やボートの動き、あるいは他の生き物の動きに刺激され、渦鞭毛虫は青い光を放ちます。こ

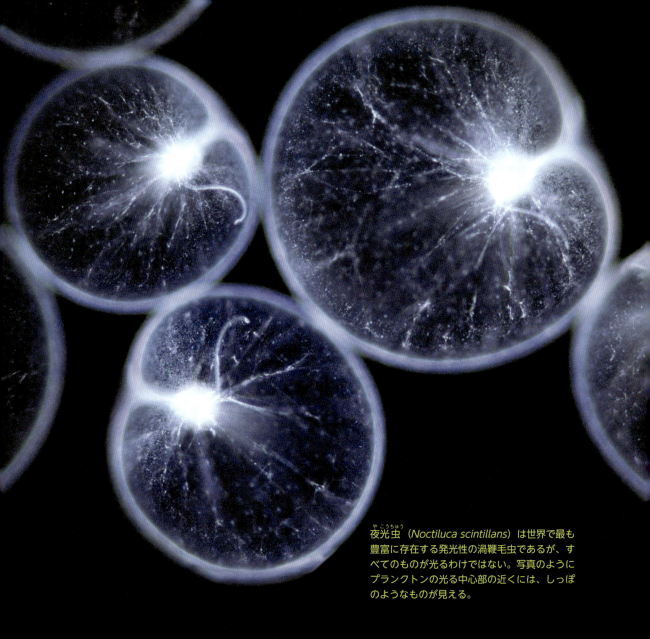

夜光虫（*Noctiluca scintillans*）は世界で最も豊富に存在する発光性の渦鞭毛虫であるが、すべてのものが光るわけではない。写真のようにプランクトンの光る中心部の近くには、しっぽのようなものが見える。

の生物発光はプランクトン自身がもつルシフェリン・ルシフェラーゼ反応によります。夜間、何かがプランクトンの鞭毛に触れると、生物発光の反応が始まるのです。波打ち際がキラキラ光るのは、多くの場合、渦鞭毛虫が光っていることによります。これは発光プランクトンが大量発生して光っているように思われがちですが、じつは大量にいなくても、よく見れば発光が観察できるのです。ただし、すべての渦鞭毛虫が光るわけではありません。科学者たちは、小さくて視覚をもたない渦鞭毛虫が、敵を惑わすための防御機構の一つとして生物発光の能力を発達させたと考えています。その光は、渦鞭毛虫の周りを泳ぐ魚を追い払う、いわば警報器の役割を担っているのかもしれません。

ベンジャミン・フランクリンの一考察

　歴史を振り返ってみても、渦鞭毛虫ほど、多くの誤解や混乱を与えてきた発光生物はいません。1747年、アメリカ合衆国建国の父の一人と言われるベンジャミン・フランクリンは、発光する海水について記述しました。ただし、彼は実際の渦鞭毛虫の発光を見ていなかったのです。すべて本からの知識で記述したのでした。「海が光るということは、海水中の粒子と海水の塩の何かがこすれ合ってつくられた電気的な火花による光に違いない。」フランクリンは著名な科学者であったため、瞬く間に海で時々観察される発光現象は、電気発光とする彼の説が受け入れられたのでした。けれどもこの説は単に理論的な知識を基礎にしたものに過ぎません。なぜなら、フランクリンは海から離れた内陸のフィラデルフィアに住んでいたので、海をしっかり観察する機会はあまりなかったのです。一方でフランクリンは非常に優れた科学者でもありました。素晴らしいことに、もし自分の考えを証明できなければ、自分の主張を変える柔軟な意思をもっていたのです。

　1753年、マサチューセッツ州知事であり、アマチュアの科学者でもあったジェイムズ・ボーディンはフランクリンに手紙を書きました。それは、フランクリンが海水が光る現象に関する意見を変えるのに十分な内容でした。1769年、フランクリンはその著書『アメリカ・フィラデルフィアにおける電気に関わる実験と観察―哲学的な考察に関する手紙と論文を加えて』の中にジェイムズ・ボーディンの手紙を引用したのでした。ボーディンは手紙の中で、燐光を発する海水を布で濾すことによって水中から光を取り去ることができたことを取り上げ、フランクリンの説の誤りを指摘したのでした。燐光とは、内部の化学反応ではなく、ある物質が吸収した光エネルギーを徐々に放出して光る現象を指します。ボーディンは、「光が海水の表層に漂う生き物によって生み出されているのは明らかです。生き物たちは盛んに動き回りつつ、体の一部から光を放ちます。光るミミズやホタルと同じ現象です」と述べていました。この手紙はフランクリンに、彼の電気説を放棄させ、発光生物の説を支持させるのに十分なものでした。21世紀の科学者は、この訂正の意味、その意義を十分に理解し、見習わなければなりません。

古今東西、生物発光を語る

　生物発光に関する記述は、フランクリンやボーディンによるものがはじめてではありません。すでに古代中国やインドの文献にも登場しています。中近東やインドの古典にはホタルに関する興味深い記述がありました。おもしろいものでは、アラビア語

暗闇の中の輝き

　生物発光と燐光は異なる過程で生まれる光である。科学者は生物の中の化学反応から生まれる光を生物発光とよぶ。一方、燐光は分子（これは生物に限らない）が、ある波長の光を吸収して、その後、異なる環境下において、よりエネルギーの低い波長の光を発することを指す。ホタル石や目覚まし時計の文字盤などは燐光のよい例である。分子が光を吸収した時、科学者は分子が励起（れいき）されたと言う。分子は太陽光や部屋の灯りの光を吸収するが、暗闇の中で励起された分子は蓄積されたエネルギーを光として放出する。

　発光性渦鞭毛虫は、化学反応によって光を生み出す。よって燐光ではなく、生物発光である。1700年代にジェイムズ・ボーディン知事は海洋生物の光は燐光と記述したが、それは生物発光の間違いである。

で書かれたもので、ホタルが生み出す光に感動してつけられたのではなく、役に立たない火を放つ「けちん坊な男」を意味する言葉に由来していました。

　紀元前300年頃には、ギリシャの哲学者であり科学者であったアリストテレスが生物発光に興味をもち、光を「冷光（れいこう）」と名づけました。これは、普通の光は熱を発するが、ホタル、クラゲやキノコの発する光は熱を発しないことを正確に理解していたことを物語っています。今なお、21世紀の科学者も「冷光」という言葉を使っています。

　古代ローマの博物学者であるプリニウスは多くの戦争に従事するとともに、さまざまな国を訪ね、多くの新しいこと、不思議なことを体験しました。彼の著した『博物誌』の中では、この時代において最も正確、かつ詳細に発光生物が記述されました。彼はポンペイの街が壊滅したことで知られるヴェスヴィオ山の大噴火で死去しますが、それまでに貝、クラゲ、チョウチンアンコウやキノコの発光について詳細に記述しました。彼はホタルの幼虫が夜間に炎のように光り輝くこと、また、発光キノコが薬として使われていることを記述しています。

　プリニウスは食用貝の一つが驚いた時に緑色の燐光を発するスライム（粘液）を吐き出すことを記述しました。この貝を食べた人々の唇は緑色に輝いたそうです。ローマ人たちはこの奇妙な光景に興奮し、しばらくの間、光の夕食会は人気となり、流行したそうです。また、プリニウスは発光貝、小麦粉と蜂蜜に水を加えてつくったペーストが光ること、それもしばらくの間、光り続けることも報告しました。紀元70年

に出版されたプリニウスの百科全書『博物誌』の第9巻で、この貝について、次のように記述しています。「他の光を消しても、暗闇の中、明るく光り輝いていた。（中略）食べている人々の口が、手が、さらには、それが垂れて床や服までもが、光に包まれている。」

蛍火は身を焦がす恋？　それとも死者の魂？

　ホタルは日本人の心を魅了する特別な存在です。古来より日本では、蛍火は情熱的な恋や心の動き、はかなさの象徴として、万葉集や古今和歌集などの和歌に詠まれてきました。一方、日本書紀をはじめとした神話の世界では、ホタルの光を死者の魂の象徴として表現することもありました。また、江戸時代に流行した俳句の世界では季語として、初夏の風物詩にも使われています。江戸時代、ホタルの鑑賞は最も人気のある行事の一つでした。現代でも野外でホタルを鑑賞することは人気で、毎年、多くの場所でホタル観賞会が開催されています。古都京都の恒例行事の一つである下鴨神社の「蛍火の茶会」では古典的な音楽、舞踊とともに、およそ600匹の蛍が放たれています。

1880年の日本の版画に見られるホタル狩りの風景。ホタルは日本で身近な生き物であり、竹でつくられた伝統的なかごで飼育されていた。

自然界を彩る発光生物たち　19

ホタル、光から始まる恋

　自然界では、生物発光はコミュニケーションの手段としても用いられます。特にホタルのような陸棲(りくせい)の生物では仲間を知る重要な手段です。なぜなら、それぞれのホタルには、同じ種を見分ける発光の色、あるいは発光のパターンがあるからです。

　ホタルの光の強さは種によって異なります。例えば、日本のヒメホタルの近縁種であるヨーロッパに生息するホタルでは6,000匹分の光の総量がローソク1本の灯りに匹敵します。しかし、南アメリカに生息するヒカリコメツキ（*Pyrophorus noctiluca*）なら37～40匹で同等の明るさになります。

　ホタルの成虫の寿命は2週間ほどしかありませんが、その間、交尾が最大の目的となり、すべての時間とエネルギーを使います。パートナーを探している間、オスのホタルは飛び回り、光を放ち続けます。主に夕暮れの時間帯が、最も光は見えやすいのです。ホタルの種ごとに特有のフラッシュ光の点滅パターンがあります。これは異なる種のホタルの間で交尾して、その結果、子孫を残すことができないホタルが生まれることを避けるため、進化の過程で生み出された重要な仕組みです。

　草むらなどに潜むメスのホタルは、オスの放つフラッシュ光の点滅パターンを頼りに、同じ仲間のオスのホタルを見つけます。その点滅パターンはパスワードのようなもので、個々の種の大きな特徴となります。ホタルの世界では、光が明るければ明るいほど優位なのです。実際、科学者は人工の灯りを用いて、種の特有のフラッシュ光の点滅パターンを真似し、より強い光を使うことで、メスのホタルが応答し、発光するのを確認しました。つまり、メスもオスに興味をもてば、その会いたいという意思を示した特有のフラッシュ光を放つのです。よって多くの場合、オスはメスの発する弱い光でも即座に感知できる大きく発達した目をもっています。

メスのチョウチンアンコウは、口の前方に生物発光するアンテナをもっている。アンテナの先には何万匹もの発光バクテリアが生息し、その光は無防備な獲物の魚に向けられる。科学者は、この生物発光を、共生細菌によってつくられる共生バクテリア発光とよんでいる。

巧妙な生物発光の罠(わな)で獲物を獲得する

　夜間の暗闇の灯りに蛾(が)が引き寄せられるように、光の届かない深海では、小魚、エビなどの多くの海洋生物が光に引き寄せられます。深海に生息する発光生物は、美味しい食事にありつくため自らの光を疑似餌(ぎじえ)として用いています。

　およそ水深900 mの深海に200種以上のチョウチンアンコウがいます。彼らは餌を獲得するため、発光バクテリアを利用しています。メスのチョウチンアンコウは口の前に突出した薄い背びれが進化したアンテナをもっています。このアンテナの先端には何百万という数の発光バクテリアが共生しています。

　暗い深海のチョウチンアンコウの住む世界では、チョウチンアンコウは小さな泡の

自然界を彩る発光生物たち　21

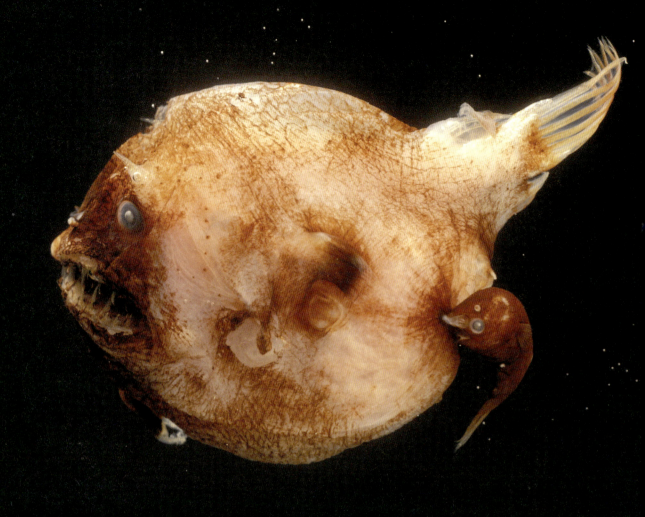

交尾した後、オスのチョウチンアンコウはメスとの間に共生関係になるものがいる。共生するオスは特徴的にメスよりかなり小さい。右に見える小さいほうがオスで、すでに共生関係にある。未発達の下顎と消化管をもっている。共生するオスは食べ物も、生き方もすべてメスに頼って生涯を終える。

ような光のランプを、餌を誘うようにゆっくりと点滅させます。すると深海の獲物たちはこの光のルアーで引き寄せられます。光の小さなフラッシュが危険であることに彼らは気づきません。暗闇の中、灯りの下にあるチョウチンアンコウの大きな口に、疑うことを知らない獲物たちは吸い込まれ、何もできずに食べられてしまいます。

　ところで、オスのチョウチンアンコウは大きくなっても体長6cmほどにしかなりません。一方、メスは大きなもので120cmに達します。オスのチョウチンアンコウにはルアーの役割をする光のアンテナはありません。その代わり交尾するまでは、自分の目を頼りに何とか獲物を探します。しかし交尾の段階でオスのチョウチンアンコウはメスに結合して共生関係になります。オスは残りの人生を、メスの血液循環システムに結合して暮らすのです。そしてオスが精子を供給する代わりに、メスはオスに

安全と食料の保証をするのです。メスがすべての食べ物を収集するので、オスはもはや、目は必要でなくなり、ゆっくりと視覚が失われていきます。一方、メスはさらなるパートナーを求めていきます。何と、1匹のメスに6匹のオスが結合していた例もあるそうです。

赤い光の悪魔、ドラゴンフィッシュ

　大西洋の深海に生息するある種のドラゴンフィッシュは、餌を見つけるのに一風変わった方法をとる。赤色の光は水の中では遠くに伝わらないため、多くの深海の生物は赤色の光を見ることができない。つまり彼らにはこの光の色は目に入らない。しかし、ドラゴンフィッシュは小さな赤い発光組織を目の下にもっている。彼らの眼にはこの赤色の光が見えて、照明として使える。よって、この赤い発光の照明を見ることができない獲物や敵に対し、ドラゴンフィッシュは気づかれることなく獲物に襲いかかることができる。また、この光を証明として使うことで敵をいち早く見つけ、見つからないように安全な場所に逃れることもできる。

ドラゴンフィッシュ（*Pachystomias microdon*）は目の下に赤い発光組織をもっている。彼らは、ほとんどの生き物が見ることができない赤い光で獲物を探す。

第 3 章
生物発光のモデル生物はホタル

ほとんどのホタルは夜行性であり、日中は草むらや木陰に隠れている。すべてのホタルが発光するわけではない。また、発光する各々の種も固有の発光点滅パターン、発光の強さや色の違いをもつ。

科学者は、生物の生きる仕組みを学ぶため、ヒト以外を研究対象とした研究も行っています。この場合、比較的簡単に入手でき、実験室内でも数を維持できるものが研究対象として選ばれ、これをモデル生物とよびます。マウス、ショウジョウバエ、大腸菌、微生物や線虫（C. エレガンス *Caenorhabditis elegans*）などが代表的な実験用のモデル生物となります。

　生物発光の世界でのモデル生物といえばホタルになります。なぜなら、ホタルは多くの人々が観察でき、南極以外ならどの大陸にも生息します。これまでに多くの研究者がホタルを研究対象として生物発光を研究してきました。よって、生物発光に関する知識が最も多い生物となります。

　古今東西の例をみると、人々はホタルを光る昆虫、光るハエ、光るミミズ、光る悪魔、あるいは点滅体などと表現しています。世界にはおよそ2,000種のホタルがいると言われ、アメリカだけでも約170種が生息し、特にカンザス州東部に多くの種が生息します。1974年にはペンシルベニア州東部に生息するペンシルベニアホタル（*Photuris pennsylvanica*）が公式に州の昆虫として登録されています。

他の甲虫と同様、ホタルは硬い前翅と歯のような顎をもっている

　なお、日本では約40種のホタルが北海道から先島諸島まで万遍なく生息します。
　ホタルは昆虫ですが、決してハエや蚊の仲間ではありません。彼らはカブトムシの仲間です。他の昆虫と明確に分けられる甲虫の仲間の特徴として、彼らは硬い前翅のカバーをもっています。この翅は、飛翔時に翅を支持する骨格の役目をする翅脈で構成された薄い膜でできています。英語で甲虫（カブトムシ）を含む甲虫類をビートル（beetle）と言いますが、この語源は「かむ」を意味する古い英語の「bitan」に由来します。ホタルは歯のような顎を使い、硬い食べ物を噛み砕くことができます。対照的にハエや蚊はストローのような口をもち、彼らの食べ物である血などを吸うのです。ホタルは硬い前翅と顎をもつ、甲虫の仲間になります。
　ほとんどのホタルは夜行性で、日中は目立たぬよう草や木の陰に隠れています。すべてのホタルの幼虫は発光しますが、成虫になると発光しなくなるものもあります。発光する成虫のホタルは種独特の点滅パターンをもち、発光の強さや光の色も種によって異なります。

危険！　ホタルの光にだまされるな！

　暗闇の中、飛びながら光の点滅でメスのホタルを引き寄せるのは、オスのホタルが捕食者から逃れる上では決してよい方法とは思えません。鳥、カエル、トカゲやクモのようなホタルを捕食する自然界の者たちにとって、光の点滅を見つけることは難し

いことではありません。しかし、オスのホタルの中には、べつの武器をもっている種がいます。その武器とは、敵に襲われた時に放出する毒の化学物質です。科学者はこの化学物質が中国ヒキガエルの毒の構造に似ていることを発見しました。直接、光とは関係しませんが、この毒をルシブファジン（*lucibufagin*）とよびます。「ルシ」はラテン語で*lux*（光）のこと、「ブファ」は*bufo*（ヒキガエル）のことになります。オスのホタルは捕食者に遭遇した時、捕食者から逃れるため、自動的に忌避物質ルシブファジンを含んだ防御液を放出するのです。

　また、ある種のメスホタルはルシブファジンをもっていないため、お腹の空いた捕食者の格好の獲物になります。しかし、例えばアメリカ産フォツリス（*Photuris*）という種のメスホタルは、それを補う巧妙な方法をもっています。メスホタルが同じ種のオスを見つけ、交尾したとします。次にメスは交尾するためにやってくる違う種のオスを待ちます。オスが誘い掛ける光の点滅を示した時、メスは異なる11種の点滅パターンから選択し、同じ種どうしの点滅を真似します。

　不運なオスのホタルは偽物の交尾シグナルに気づかず、自分の幸運を確かめようとメスに近づきます。オスとメスが近づき、互いにアンテナをこすりあわせ、正しいにおいをもつ同種のパートナーであるのか確かめるのが通常です。でも、同じ種であるかのようにだましたいメスのホタルは、オスのホタルが正しい同種のにおいをもつメスでないことに気づく前に、オスのホタルをむさぼり食べてしまうのです。しかし、

求愛行動の間、オスとメスのホタルはお互いに同じ点滅パターンのコミュニケーションを行う。けれども防御機構として、ある種のメスは自分の種以外の光の点滅を真似し、オスを引きつけ食べてしまうことがある。

生物発光のモデル生物はホタル

これは決してお腹が空いたから食べているのではありません。メスはオスを食べることによって、オスのルシブファジンを手に入れ、敵に襲われないようにするのです。メスはさらに自らの卵にもルシブファジンをこすりつけ、忌避物質によって子孫を守ります。

市民が支えた生物発光の科学

ラファエル・デュボアが19世紀にルシフェリン、ルシフェラーゼを発見して以来、科学者はホタルが光を点滅させるためには、少なくとも二つの物質が必要であることを知っていました。1940年代、アメリカのメリーランド州ボルチモア市にあるジョンズ・ホプキンズ大学で生化学を専門とするウィリアム・マッケロイ教授は、2つの物質以外にもさらに何かが存在しなければならないと考えていました。

ホタルの中で何が起きているのかを知るために、マッケロイは、研究には自分や自分の学生たちだけで採集できるホタルでは足りないと考えていました。そこでマッケロイは、自分のためにホタルを採集してくれる地域の小学生を集めたのです。1947

ウィリアム・マッケロイは1940年代、ホタルの生物発光を研究するため、多くの子どもたちとともに無数のホタルを採集した。マッケロイはホタルが光を生み出すためにはアデノシン三リン酸（ATP）がエネルギー源の化学物質であることを発見した。

ATPはすべてのエネルギーの源

　アデノシン三リン酸（ＡＴＰ）は興味深い分子である。ヒトの体の中の細胞1個ごとに10億個のATP分子がある。ATPは熱産生、神経活動、筋運動などすべての細胞に必要なエネルギーである。この分子は心臓の鼓動、目の瞬きにも必須である。ヒトの一日を通じた活動に必要なエネルギーは体内でATPが分解され、つくられる。そのため、瞬く間に消費されても、瞬く間にATPがつくられる。事実、ヒトは毎日体重の半分程度のATPを生産、そして消費する。
　生化学者のウィリアム・マッケロイはホタルの発光のエネルギー源がATPかどうか疑問に思っていた。マッケロイはホタルの腹部の発光器にあるルシフェリン、ルシフェラーゼの混合物にATPを加えた時、混合物の光が増した実験を通じてATPの役割を理解した。ATPを加えれば加えるほど、ホタルの抽出物の光は増したのだった。

年、マッケロイは彼の実験室に100匹のホタルをもってきてくれた子どもに25セントを、さらにその年に一番多くもってきた小学生には10ドルのボーナスを与えることにしたのです。最初の年、マッケロイは4万匹のホタルを手に入れました。そして10歳のモルガン・ブッチャー・ジュニアが10ドルのボーナスを手に入れました。このホタル狩りの部隊は徐々に大きくなり、1960年代までに、マッケロイは毎年50万匹から100万匹のホタルを手に入れることができたのでした。

　マッケロイはホタルの腹部の発光器とよばれる組織の細胞内で、発光反応が起きていることを知っていました。実験助手や大学院生たちは何千匹ものホタルを乾燥し、ホタルの頭部と腹部に分けました。そして腹部の発光器を研究することで、マッケロイは発光器の中で光を生み出すためには4つの化学物質が必要であることを発見しました。4つの化学物質とは、酸素、アデノシン三リン酸（ATP）、ルシフェリン、ルシフェラーゼです。ホタルの体内では、それらの化学物質を絶妙に組み合わせることで、モールス信号のような正確な光の点滅を制御していました。

　マッケロイは、すべての発光する甲虫にとって共通の仕組みを発見したのです。彼の仕事で最も大事な点は、地上にいるすべての発光生物は、発光するためにルシフェリン、ルシフェラーゼ、そして酸素が必要であることを確認した点です。ただし、他の発光生物ではATPを必要としないこともあります。

第4章
生物発光で挑む科学者たち

これは自然界の中で生きたダイオウイカを撮影した初めての写真である。2004年、窪寺恒己（国立科学博物館）と森恭一（小笠原ホエールウォッチング協会）によって撮影された。

科学者が海岸に打ち上げられた11 mもあるダイオウイカ（Architeuthis）の死体を解剖したことで、私たちはダイオウイカの目が人間の頭ほどの大きさであることを知りました。しかし21世紀初めになっても、生きたダイオウイカの姿を映像に残した人はいませんでした。フロリダ在住のエディ（エディス）・ウィダーの登場まで待たねばなりません。ウィダーは海洋写真家であり、海洋生物学者、そして生物発光の専門家です。生物発光の知識を利用してダイオウイカの生態に迫ったのです。

ウィダーは、通常、海洋発光生物が他の生物を引きつけるために放っている青色の光を、ある種のクラゲでは、大型捕食者から逃れるために使っていると考えました。つまり、光に引きつけられた捕食者がたどり着いた時には、光を消して逃げてしまうのです。ウィダーはこの仮説を証明するため、発光するクラゲロボットをつくり、そのロボットに接近する訪問者を記録しました。するとウィダーの仮説は見事に証明されます。ロボットが発する青い光にこれまで見たことがないようなクラゲを捕食する大型生物群が集まってきたのです。

2012年、日本ダイオウイカ撮影プロジェクト（アメリカのディスカバリーチャンネルと日本放送協会〈NHK〉の共同企画）において、数々のプランがもち寄られましたが、そのうちの1つとしてウィダーは「生物発光案」を携え参加しました。このプロジェクトには、日本の国立科学博物館をはじめ、11カ国にわたる多数の国の研究者、技術者が参加しました。ウィダーのプランでは、調査船から発光クラゲロボット「エレクトリック・ジェリー」を取りつけたカメラ「メドゥーサ」を、太平洋小笠原諸島沿岸の海に投入しました。その結果、水深700 mで泳ぐ

エディ・ウィダーらが生きたダイオウイカを深海で初めて映像に収めたのは2012年である。右の写真は潜水艇の観察用球体に入るところ。潜水艇は914 mの深さまでパイロットと研究者2名を観察用球体に乗せて潜水可能であり、さらに球体の後方に2名の乗員が入るチャンバーがある。

芸術の世界にみる生物発光

　学問と芸術の花が咲き乱れた、ヨーロッパの盛期ルネサンスの時代、イタリア人画家カラヴァッジョは、つぶしたホタルの粉をねりこんだ特別な絵の具を用いて光と影の世界を描写した。21世紀になるとシカゴを拠点とした芸術家ハンター・コールは作品の中に生物発光を取り入れる画期的な方法を見つけた。コールは微生物を育てる栄養素を加えたアガープレートの上に発光バクテリアで絵を描いている。コールはこれを「生物のお絵かき」とよんでいる。バクテリアで描かれた絵はおよそ2週間かけて刻々と変化する。

　ファッションデザイナーもまた、生物発光に触発されている。中国人デザイナーのベガ・ワンはディープとよばれたオートクチュールコレクションにおいて、白い布にLEDを利用した光のパターンで表現されたコレクションを紹介した。その光のパターンは発光クラゲや他の発光生物に触発されたものである。

遺伝学者であり芸術家であるハンター・コールは発光バクテリアを用いたリビング・ドローイングとよぶバイオアートを作成する。コールが作成した生きたアートは光りながら刻々と変化し、最後には死をむかえ光を消す。

ダイオウイカの映像をカメラに収めることができたのです。ダイオウイカは偽物のクラゲの光を獲物と勘違いし、メドゥーサに襲いかかったのでしょう。（同時に、ダイオウイカの餌となるソデイカを利用した日本の窪寺のプランでも、ダイオウイカの深海における世界最長となる生態動画の撮影に成功しています）

生物発光で簡単に微生物を検出

　ウィダーの人工発光クラゲの例もありますが、生物発光はいろいろな分野で活用されています。例えば、ATP（アデノシン三リン酸）はすべての生物のエネルギーの素です。もし生物が生きていれば、そこにはATPが存在します。p.28のウィリアム・マッケロイの研究で説明しましたが、ホタルの発光にはルシフェリン、ルシフェラーゼ、酸素、そしてATPが必要です。一方、病気に関わる研究を行う実験室は無菌状態であることが望まれます。そこで研究者は、菌がいればATPがあり、ATPはホタルの生物発光に必須なので、これを利用して菌の有無を確認できると考えたのです。つまりルシフェリン、ルシフェラーゼの溶液を加えても光らなければ、その表面に菌がいないことになります。もし微生物が存在すれば、そこにATPが存在するので、発光するということです。これまでは、研究者は菌が存在するか否かを確認するために多くの時間をとられていました。自分の働く場所の表面をふき取り、それを栄養素の入ったアガープレートに塗布しました。もし、ふき取った場所に菌がいれば、アガープレートの上に菌がコロニーをつくります。それによって、研究者は研究の環境が無菌であるかを確認していたのです。この方法では培養に数日間を要しますが、ATPとの反応による発光を使えば即座に判断できるようになりました。

火星に生命は存在するのか、生物発光が解き明かす

　火星に生命は生息するのか？　欧州宇宙機関（ESA）、アメリカ航空宇宙局（NASA）、ロシアのロスコスモス（旧ロシア連邦宇宙局）は、惑星に人を送ることが一つの目標です。そして彼らの研究ゴールの一つは、火星の生命の有無を結論づけることです。これまでの研究で、科学者はこの赤い星の表面は厳しい環境下にあることを解明しました。火星は非常に寒く、生命の維持に必要となる酸素や水が存在したとしてもわずかだと考えられています。そのため、宇宙生物学者は生命体を見つけることをあきらめていました。しかし最近の火星研究を通じて、火星には、かつて水が流れていた証拠を得ることができ、科学者は考えを改めています。この変化は、生命は存在しないだろうと考えられる地球上の極限の場所で生命体を見つけたことも関係しています。

　極限微生物とは、酸素がない厳しい環境下でも生息可能な原始的な生物群のことです。それが発見されたのは、地球表面上で、地熱で温められた水が放出する割れ目である熱水噴出孔周辺です。宇宙生物学者は地球上の深海にある熱水噴出孔付近の硫黄の含まれた海水に生息する極限微生物は、火星にかつて住んでいた生物群と類似して

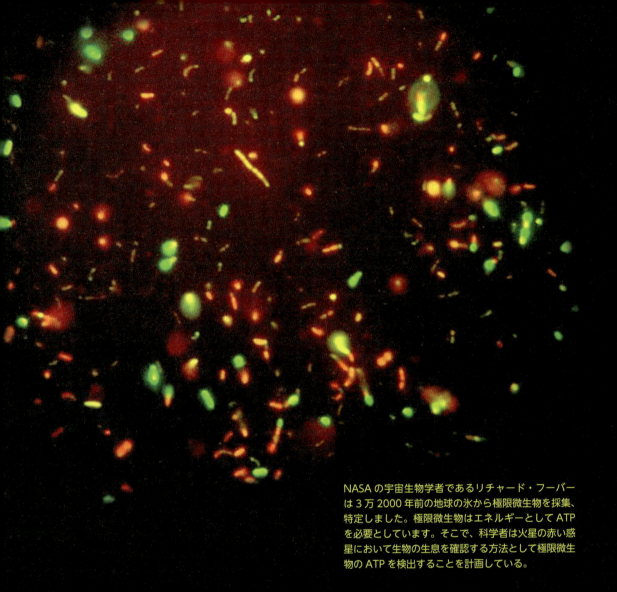

NASAの宇宙生物学者であるリチャード・フーバーは3万2000年前の地球の氷から極限微生物を採集、特定しました。極限微生物はエネルギーとしてATPを必要としています。そこで、科学者は火星の赤い惑星において生物の生息を確認する方法として極限微生物のATPを検出することを計画している。

いると考えています。
　火星に生息する極限微生物を見つけるため、科学者は極限微生物もまたATPをエネルギー源とするという事実に着目しています。技術者は火星のATPを測るための特別な装置を製作しています。その装置は火星の土壌を集め、そこにルシフェリン、ルシフェラーゼを加え、発光量を測定し、地球にデータを送信するものです。この超高感度の生命探索装置を開発する技術者が直面する主な問題の一つは、地球からもち込んだ生物と宇宙で採集したものを区別できるかです。火星の生命探索では火星で収集したサンプルに、地球からもち込んだATPが含まれていないことが重要です。よって、火星探索機関はホタルのルシフェリン、ルシフェラーゼの検査試薬に地球上のATPが含まれていないことを出発前に確認しなければなりません。

バクテリアが自分たちの数を知る仕組み、クオラムセンシング

　ヒトは数十兆個の細胞から成り立ちますが、その10倍くらいの数百兆個の細菌が体表および体内に生息すると考えられています。細菌は外敵から身を護る免疫システムや食べ物を消化するシステムをサポートします。また、私たちが必要とする栄養素をもたらすビタミンの生産を制御することもあります。

　しかしながら、いくつかの病気を引き起こす細菌もあります。科学者はヒトの生活を脅かす、あるいは危ない細菌を理解するため、研究を続けてきました。1977年に、サンディエゴのスクリプス海洋研究所で働く微生物学者がハワイのダンゴイカの発光バクテリアから大変重要な知見を得ました。それは、イカの発光器に生息する発光バクテリアの数が一定量に達した時、発光を開始したことです。つまり、イカの発光器に生息する発光バクテリアは、ある一定数まで増殖した時にのみ、光を放つのです。

　では、発光バクテリアはどのようにして発光器の中の仲間たちの数を知るのでしょうか。この科学者が発光器で見つけたのは発光バクテリアがもつ「私はここにいるよ」というシグナル分子でした。このシグナル分子の濃度が十分に高まった時に、光り始めるのです。この発光バクテリアがもつ「私はここにいるよ」シグナル分子を検出する能力を「クオラムセンシング（集団感知）」と言います。ハワイのダンゴイカで発見された発光バクテリアのクオラムセンシングは、おもしろいことにすべての細菌で共通する仕組みでした。

　これによって、細菌は身体の免疫システムによる攻撃に打ち勝つだけの十分な数に増えるまで、自らの毒素を放出しない仕組みが理解されたのでした。細菌は病気を引き起こすための数、あるいは免疫システムに打ち勝つための数をカウントするためにクオラムセンシングを用いています。病気を引き起こす細菌が限界値に達した時に細菌は毒素を放出し、その結果、感染者は病気になります。一方、免疫システムが病気を引き起こす悪玉菌を圧倒した時に病気は治癒するのです。

　科学者はさらにクオラムセンシングを解明するため、ハワイのダンゴイカの発光バクテリアをモデル生物として研究を続けています。彼らは細菌のクオラムセンシングを遮断することで人体に対する有害な細菌と戦う方法を見つけようとしています。この仕組みが理解できれば、細菌が体に侵入し、病気を引き起こそうとする直前に、人の免疫システムが活発になり、細菌をやっつけることができることになるでしょう。

第5章
生物蛍光、光で彩る生物たち

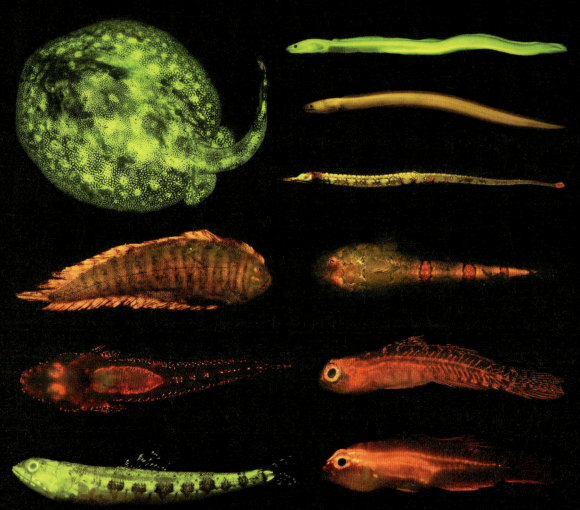

この写真は世界中に生息する180種の生物蛍光をもつ魚の一部である。生物蛍光は化学発光によらない、励起光によって発する光である。つまり、より高いエネルギーをもつ紫外線や青色光が分子を励起し、分子がより低いエネルギーの緑色や赤色の光を発する現象である。

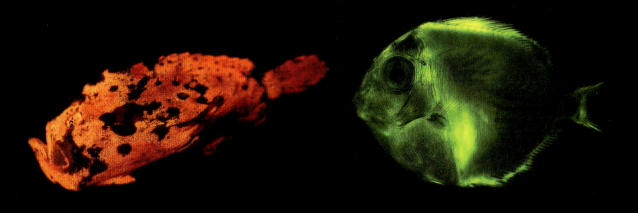

　生物が体内の化学反応で光を発する時、科学者はこれを生物発光とよんでいます。もし外部が十分に暗ければ、私たちは、自分の目で直接この光を見ることができます。一方、生物蛍光（Biofluorescence）は魚や他の海洋生物で観察されています。180種以上の生物蛍光をもつ魚が知られています。それらの中ではサメ、フサカサゴやオコゼ類が代表的な蛍光を発する魚です。

　蛍光とは外部から与えられた光を吸収して光を発する現象（例えば、ブラックライトで光る蛍石や蛍光ペンの光など）のことです。この時、外部から与えられた光を励起光と言います。生物蛍光では、多くの場合、魚の表面にある特定の分子が励起光となる紫外線や青色の光を吸収し、緑や赤色の光を発します。よって生物蛍光する魚は緑、黄、赤色の光を発するものが多いのです。つまり、特定の分子は高いエネルギーの紫外線や青色の光（p.8を参照）を吸収し、より低いエネルギーの緑や赤色の光を発します。よって科学者は、このような現象を蛍光とよんでいます。

生物蛍光 対 燐光

　"光る生物"と言っても「発光」と「蛍光」では光を発する方法はまったく異なる。しかしながら、蛍光と燐光はよく似た現象である。蛍光では、分子は外からの光エネルギーを吸収して励起され、即座により低いエネルギーの光として放出される。よって外からの光を吸収している時だけ、光を放つ。一方、燐光でも、分子は光エネルギーを吸収して励起されるが、光はゆっくりと放出される。燐光は吸収したエネルギーがなくなるまでゆっくりと光り続ける。その点、生物蛍光では励起する高いエネルギーがなくなれば光は即座に消える。

蛍光を発する魚の目には青い光を除くフィルターがあり、蛍光の色調を見ることができます。高いエネルギーの青色の光は蛍光分子を励起する一方、これらの魚の目は低いエネルギーの蛍光を見ることができるのです。つまりは青い光を除くフィルターは赤、黄色、緑色の蛍光が見えるようにしているのです。他の海洋生物には、このようなフィルターはありません。よって見えるのは高いエネルギーの青色光だけで、赤、黄色、緑色の光を見ることはできません。科学者が生物蛍光の魚を見る時、青色光をあて蛍光分子を励起させ、青色光をフィルターでカットして撮影します。

カマキリエビは、その強力ですばやい最強の武器で貝の殻を打ち壊す。シャコ目は恐ろしく、しかも狡猾な無脊椎動物である。彼らは複雑な情報交換の方法をもち、しかも学習能力もある。よって、他のエビ類と戦う時、以前の相手を記憶の中で検索、それにより戦う戦略を変更できる。

生物蛍光のカマキリエビは最強のシャコ目

　熱帯の浅瀬の巣穴に生息するカマキリエビ（トゲエビ亜綱シャコ目）は非常におもしろい生物です。このカマキリエビは22口径の弾丸を撃つように脚を相手に打ちつけます。また、生物界で最も発達した目をもつ海洋生物の一つです。カマキリエビのオスの中には外骨格の上のほうの甲羅に強く蛍光を発する斑点をもつものがいます。

　カマキリエビは30 cmくらいまで成長することができ、海洋生物学者は彼らが相手をどのように攻撃するかで2つのグループに分類しています。槍型はその脚で魚を突き刺します。また、こん棒型はカニや、一枚貝や二枚貝を粉砕します。しかし、オスのカマキリエビには歯がないので、捕らえた食べ物を即座に食べることはできません。うるわしいことに、食べ物をメスに渡すのです。メスのカマキリエビは渡された餌をかみ砕き、ペースト状にしたものを、今度はオスに返すのです。

　オスのカマキリエビは縄張りをもっています。しかし、彼らには相手を徹底的にやっつける脚という武器があるので、お互いが戦うことはとても危険です。そこで、蛍光を出す斑点の大きさが縄張り争いに挑戦するか否かを判断する材料になります。大きなカマキリエビは大きな斑点で、小さなものは小さな斑点です。オスは同じサイズの斑点の時にのみ、縄張りを巡って争います。一方、小さな斑点をもつカマキリエビは常に大きいものに縄張りを明け渡します。この現象に目をつけた科学者は小さなカマキリエビにより大きな斑点を書き入れてみました。その結果、なんと小さなカマキリエビが縄張りを獲得したのでした。つまり小さなカマキリエビでも大きな斑点があれば相手に勝つことができるのです。

　カマキリエビは特徴的な目をもつことでも知られています。頭部の上に自由に動く突き出た目はあらゆる方向を観察できます。

　カマキリエビの目は少なくとも12種類の異なるレンズとセンサー細胞で構成された光受容体をもっています。科学者は、カマキリエビの精巧な目は早い動きの魚を捕獲するために進化したのではないかと考えています。つまりこの精巧な目は異なる色をもつ相手を即座に発見、識別できるのです。しかしながら、カマキリエビは少しの色の変化を判断することに興味はないようです。最も重要なのは、彼らの限られた能力で食べられる魚を見つけることです。わずかな時間で魚の軌跡を計算し、魚がカマキリエビを発見して逃げ去る前に相手を捕まえることなのです。

クリスタルな輝きこそ、オワンクラゲのきらめき

　もし、あなたが海で泳いでいてクラゲに出会ったなら、逃げるが勝ちです。クラゲは北極圏、南極海洋を含めてすべての海洋に生息、彼らの触手を覆う刺激細胞から放出する神経毒で敵を刺します。美しいバラに棘(とげ)があるように、特にオーストラリアのオーストラリアウンバチクラゲ（通称キロネックス）は危険なクラゲです。もしオーストラリアウンバチクラゲがあなたを刺し、そこに即座に助ける人が居なければ、数分以内にあなたは死亡します。

　クラゲは水深1,000 m以下にも生息しています。そして多くのものは恐竜時代以前から生息していたと考えられています。仮にクラゲからすべての水をしぼり取ったとすると、クラゲには何も残りません。典型的なクラゲは96％が水で、3％はタンパク質、そして1％はミネラルです。彼らには骨も、心臓も、脳もないのです。

　オワンクラゲの傘の部分は興味深い機能をもっています。そこには緑色の光を発する数百の発光器があります。発光器は光で彩られますが、どのように光の点滅を制御

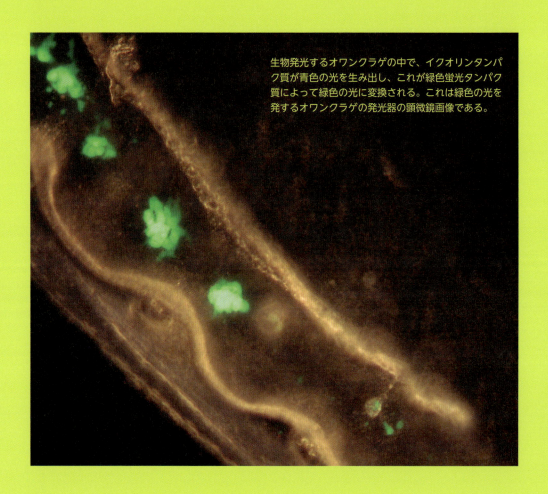

生物発光するオワンクラゲの中で、イクオリンタンパク質が青色の光を生み出し、これが緑色蛍光タンパク質によって緑色の光に変換される。これは緑色の光を発するオワンクラゲの発光器の顕微鏡画像である。

するのか、誰もわかっていません。

　もしも、世界で一番クラゲを採集した人間をギネスブックに登録するとしたら、答えは簡単です。ニュージャージー州プリンストン大学とマサチューセッツ州のウッズホール海洋研究所にいた下村脩でしょう。彼は百万匹以上のオワンクラゲを採集しました。その採集したクラゲは光を生み出すために2つのタンパク質が必要であることを教えてくれました。一つはイクオリンです。下村はオワンクラゲの学名イクオリア・ビクトリア（*Aequorea victoria*）からこの名をつけました。もう一つのタンパク質は緑色蛍光タンパク質（green-fluorescent protein：GFP）です。この2つのタンパク質はクラゲの発光器のあるイクオリアの傘の縁にあります。クラゲの発光器の中でカルシウムイオンが放出されると、イクオリンにカルシウムイオンが結合して青色の光に相当するエネルギーを放出します。GFPはこのエネルギーを吸収し、人の目に見える緑色の蛍光を発するのです。

第6章
緑色蛍光タンパク質革命

蛍光を発するタンパク質として蛍光タンパク質が知られています。蛍光を発する生物の中の細胞には、蛍光タンパク質をつくるための遺伝子（ＤNA）があります。この遺伝子の中には、タンパク質自身の情報、そのつくり方も書き込まれています。下村 脩が1960年代にクラゲの中にある蛍光タンパク質を見つけました。それ以降、科学者は250種以上の生物の蛍光タンパク質を発見しています。

　科学者は生物蛍光を発する生物から蛍光タンパク質の遺伝子を取り出し、遺伝子からタンパク質をつくる仕組みを加えて他の生物の細胞に導入します。細胞内でつくられた蛍光タンパク質は青い光源で照らすと光を発します。分子生物学者は多くの生物、例えばネズミ、ネコやサルにさえも蛍光タンパク質を導入したのです。

　この発見以前、タンパク質は小さすぎて、細胞の中で観察すること、あるいは細胞の中で動く様子を観察することは大変困難でした。けれども蛍光タンパク質は光を発するので、科学者はこの光によってタンパク質を追跡できるようになりました。それは、日中見ることが難しいホタルの光を夜間に見るようなものです。この方法により、生きている生物の中の細胞小器官レベルで起きている出来事も観察することができるようになりました。この観察方法は大変革命的で、その情報をもとに病気への対処や手術の手法が開発されるなど、大きな科学の進歩を遂げています。

科学者はクラゲから取り出した緑色蛍光タンパク質（GFP）の遺伝子を2匹のサルの細胞の中に導入、遺伝子操作したサルをつくった。サルに青色の光を当てると緑色に輝く。GFPは、研究者に新しい治療法や対処法へのゴールを与えるとともに病気や生命を脅かす出来事に関する新しい知見を与えてくれる。

緑色蛍光タンパク質革命

DNA、遺伝子、そして GFP

　生きた細胞の中にあるタンパク質合成システムを用いて、DNA 上にコードされている情報からタンパク質がつくり出されます。つまり DNA は料理本のようなもので、生き物の体をつくるすべてのタンパク質に必要なレシピが含まれています。そのため、科学者の中にはレシピ遺伝子とよぶ人もいます。体の中のすべてのタンパク質をどのようにつくるかの完全な命令書を、ゲノム遺伝子とよんでいます。ヒトはおよそ数十兆個の細胞から成り立っていますが、各々の細胞には核があり、その中に命令書のすべてのセットがあるのです。

GFP のクローニング

　GFP の遺伝子はマサチューセッツ州のウッズホール研究所のダグラス・プラシャーによって 1992 年に最初にクローニング（単離して増幅）されました。彼はオワンクラゲの GFP 遺伝子を同定し、大腸菌の中に導入、GFP を発現させたのでした。21 世紀の今、GFP は世界中の研究所にあり、植物、動物問わず多くの研究に使われています。2008 年、ノーベル財団は GFP の重要性を理解し、GFP の発見と発達に貢献した 3 人の研究者、下村脩、マーティン・チャルフィー、ロジャー・チェンにノーベル化学賞を授与しました。

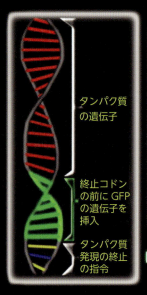

- タンパク質の遺伝子
- 終止コドンの前に GFP の遺伝子を挿入
- タンパク質発現の終止の指令

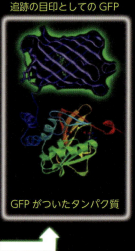

追跡の目印としての GFP

GFP がついたタンパク質

遺伝子の定義は刻々と変わるが、DNA の中のタンパク質をつくるための情報を指すことが多い。そのうち、終止コドンは遺伝子の最後を示している。つまり遺伝子はどのようにタンパク質をつくるかを記した指令書である。追跡したい遺伝子の終止コドンの前に GFP 遺伝子を挿入すれば、この新しい遺伝子は GFP が融合した新しいタンパク質の指令書となる。よって、つくられたタンパク質は青い光を当てれば緑色に輝くことになる。

最新のDNA技術において、分子生物学者はGFPを多くの場面で用いています。例えば、赤血球の中で酸素を運ぶヘモグロビンにGFPのタグをつけます。この時、科学者はヘモグロビンの遺伝子配列を読み取るDNAの指令書を用いて、タンパク質合成システムに指示します。新しいヘモグロビンをつくる要請が来た時、タンパク質合成システムはDNAの指令書を読みながらタンパク質をつくるのです。遺伝子の最後には終止コドンとよばれるDNAメッセージがあります。これは、「止まれ、ここは遺伝子の最後だ」と指示します。遺伝子の指令書に従ったタンパク質の生産をタンパク質発現とよんでいます。

　科学者は遺伝子工学や細胞工学の技術を用いて、ヘモグロビン遺伝子の終止コドンの前にGFP遺伝子を挿入します。すると、ヘモグロビンの一部となったGFPが細胞の中でできあがります。そしてGFPの最後の終止コドンでこのタンパク質の発現過程は終了します。結果として、細胞内にはGFPと一体化したヘモグロビンができ、このヘモグロビンは蛍光を発します。蛍光顕微鏡を使うことで、科学者はヘモグロビンがどこで、いつ、どのようにしてつくられたかを知ることができます。これは、マラリアや貧血症のような赤血球に関わる病気を研究する多くの科学者にとって重要な助けとなりました。21世紀の医学研究において、このような使い方はほんの一例にすぎません。

第7章

蛍光タンパク質がきらめく最新科学

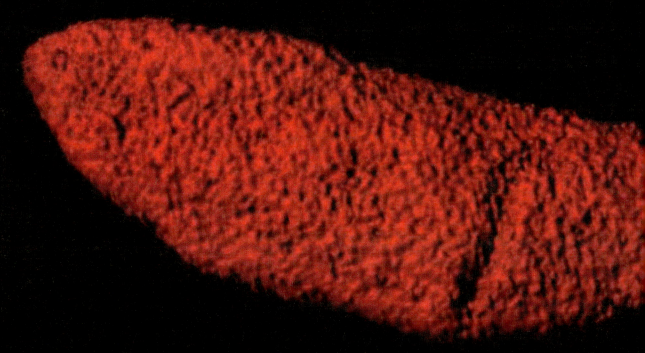

この顕微鏡画像は、赤色蛍光タンパク質で覆われたシャーガス病の原因となるトリパノソーマである。タンパク質の発する蛍光によって、トリパノソーマが研究室内のマウスに感染する様子を観察できる。

毎年、蛍光タンパク質は100万を超える実験に使われており、21世紀を先導する科学者の新しい生命科学の知識の取得、医療現場での治療法の開発、生命を操作する技術の革新を支えています。例えば、科学者に個々の脳細胞の発火がいつ起こるのか、ヒト免疫不全ウイルス（HIV）がどのようにすばやく拡散するのかを教えてくれるのは蛍光タンパク質です。また、素晴らしい画質で細胞小器官レベルの生命活動を可視化する超解像蛍光顕微鏡ができたのも蛍光タンパク質のおかげです。

蛍光タンパク質でシャーガス病の原虫を追跡

　現在、主に中南米において、700〜800万人の人々がシャーガス病に感染しています。原生生物トリパノソーマ（トリパノソーマ・クルージ *Trypanosoma cruzi*）に感染すると、初めに熱が出て、次にリンパ節が腫れ、そして肝脾腫に至ります。シャーガス病に感染した後、感染者を治療せず放置すると30％の人が数十年後、重篤な心臓障害を発症します。シャーガス病はサシガメを媒介としてトリパノソーマが人に感染して発症します。感染の仕方は、主に夜間、サシガメが眠っている人の顔を吸血することが原因です。吸血したのち、サシガメは吸血によって生じた傷口付近に糞をしますが、サシガメの糞の中にはトリパノソーマが生息しています。かんだり、ひっかいたりした傷口から、トリパノソーマはどんどん新しい宿主である人の体内に入り込み、寄生します。

　寄生虫病学者はトリパノソーマ原虫の表面にある糖タンパク質に結合することができる赤色の蛍光を発するタンパク質をつくりました。これをもとに、サシガメのお腹の中に生息する蛍光タンパク質を発現する大腸菌を作成し、サシガメの中のトリパノソーマが増殖する様子や肛門から排出される様子を、青色光をあてながら蛍光顕微鏡で観察しました。つまり大腸菌で生産された蛍光タンパク質と結合したトリパノソーマを用いて、サシガメが吸血し、糞をする過程を追跡することを可能にしました。これにより、研究者はサシガメの消化管を通じて寄生虫がどのように移動

サシガメ

　サシガメは古い家の壁やかやぶき屋根の割れ目など、暗く、安全な場所に住んでいる。慢性的に感染者の出る一軒の家には1万4千匹以上のサシガメを見つけることができる。夜間になると、彼らは隠れている場所を出て、眠っている人の呼気に含まれる二酸化炭素に引き寄せられて行く。一度、標的を見つけると、サシガメは畳んでいたチューブのような口先を伸ばし、5〜10分間ゆっくりと吸血する。

　1835年、チャールズ・ダーウィンはチリを旅行中にサシガメにかまれ、シャーガス病を発症した。彼は吸血された時のことを「およそ2.5cmの柔らかい羽根のない昆虫が体をはい回るのは、とても気もちが悪かった。彼らは吸引を始める前はやせ細っていたが、吸引し始めると血でみるみる肥大化した」と記述している。

するのか、サシガメのどこに隠れるのか、あるいはサシガメからどのように宿主に侵入するのか、蛍光を発する寄生虫を通じて解明したのです。

　赤色に蛍光するトリパノソーマの最も素晴らしい点は、感染した動物がシャーガス病を発症しないことです。トリパノソーマが宿主に侵入し細胞に感染するには、細胞膜を通過する必要があります。細胞に侵入するには、トリパノソーマ表面の糖分子が鍵となるのですが、赤色蛍光タンパク質がトリパノソーマ表面の糖分子を覆うことで、鍵としての役割が失われます。よって、赤色に蛍光するトリパノソーマは、感染した動物の細胞内に侵入できず、その結果、発症しなくなるのです。

蛍光タンパク質が脳の謎に迫る

　アメリカに住む500万人以上の人々がパーキンソン病やアルツハイマー病を罹患しています。この病気では、脳細胞が破壊され、もはや機能しない神経変性が起こります。この結果、震え、記憶の欠如、言語障害、筋肉硬化などを引き起こします。現在、これらの病気を完治させる方法はありません。

　治療法を研究するバージニア州ハワード・ヒューズ医学研究所のジャネル研究センターのカレル・ズヴォボダら神経科学者は、健康な脳細胞とはいかなるものかというテーマで研究を進めています。彼らはマウスのひげから脳に伝わる神経細胞のすべてにGFPの遺伝子を導入した特別なマウス群を作成しました。そして、マウスの頭のてっぺんにガラスの窓を埋め込みました。この窓に顕微鏡を固定し、生きているマウスの活動期における脳細胞の働きを蛍光タンパク質によって観察したのでした。

　マウスは自分の住む環境を探索するため、ひげをセンサーとして使用しています。水や食べ物が簡単に手に入るケージの中にマウスを入れ、記憶に関係するひげに小さな振動を加えても、ひげから脳の細胞に伝わる情報はあまりありません。しかし、同じマウスを迷路に入れると、食べ物の位置を知るには空間を通じて道を見つけるため、このひげを使わなければなりません。この最も過酷な環境の中では、マウスの脳は空間を探索するひげから多くの情報を得る必要があります。その段階で、情報を伝えるため、脳神経細胞は分岐し新しい結合を形成します。GFPを導入したマウスを

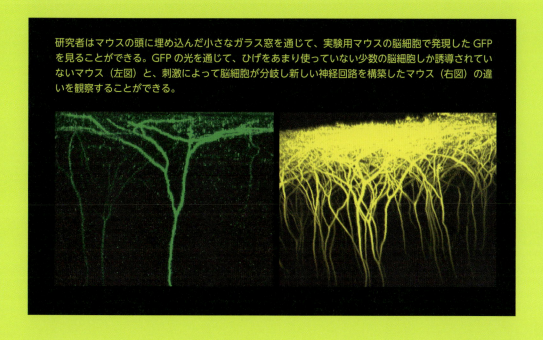

研究者はマウスの頭に埋め込んだ小さなガラス窓を通じて、実験用マウスの脳細胞で発現したGFPを見ることができる。GFPの光を通じて、ひげをあまり使っていない少数の脳細胞しか誘導されていないマウス（左図）と、刺激によって脳細胞が分岐し新しい神経回路を構築したマウス（右図）の違いを観察することができる。

使えば、研究者はひげと関連する脳細胞の分岐と学習を結びつけることができます。なぜならば、脳のある部分だけが緑に輝くからです。

　マウスを困難な状況において、その反応を見るため、研究者はマウスの顔の片方のひげだけをそりました。マウスは半分のひげで迷路の出口を探すことになります。ガラス窓を通じて、GFPで標識化された脳細胞がどのように正確に回路を再配置するか観察することができました。科学者はマウスの脳が困難な状況の中でどのように適応するか理解したいと思っています。そうすれば、困難な状況における人の脳の回路を再配置化する方法が見つかるかもしれません。もしそうなれば、パーキンソン病やアルツハイマー病の脅威に対処できるようになるでしょう。

蛍光タンパク質が鳥インフルエンザの感染を見抜く

　季節性のインフルエンザには、世界中のいたるところで毎年数百万の人々が感染、発症します。インフルエンザの症状は風邪の症状と似ていますが、甘く見てはいけません。歴史的に、インフルエンザが少なくとも4回は大流行し、世界的に多くの人々に感染し命を奪いました。このような世界的な大発生をパンデミック（世界的流行）と言います。

　1918年のスペインかぜは世界的に最悪のパンデミックでした。世界の1/3の人々が感染したのです。このインフルエンザに感染した人々の咳やくしゃみは大変危険で、患者の肺の組織が引き裂かれたり、鼓膜が破れたり、目、鼻や体の穴から血が流れたりしました。歴史家はスペインかぜによって、世界の人口のおよそ3％にあたる5千万〜1億人の人々が亡くなったと考えています。

　このインフルエンザは1つの種から異なる種に飛び越える変異型の人獣共通感染症でした。歴史家は、スペインかぜはおそらく鳥から始まり、ブタを介して人間に伝染したと考えています。今でもなお、鳥インフルエンザによりニワトリやアヒル数百万羽が殺処分されています。アジアの多くの国々では、人々は家畜と密接に暮らしています。鳥インフルエンザウイルスの変異型は、ヒトが鳥と接触することで感染します。そして感染すると多くの場合、ヒトは死に至ります。野鳥あるいは家禽飼育場からの鳥インフルエンザの根絶は不可能です。また、ヒトを含む他の哺乳類への伝播を防ぐのも不可能です。

　鳥インフルエンザ、それ自体の振る舞いも、宿主である鳥に感染した時とヒトに感染した時では異なっています。ヒトではウイルスは肺を攻撃しますが、鳥では消化管に感染し、下痢を引き起こす程度です。結果として、鳥の糞は相当量の鳥インフルエ

ンザウイルスを含み、湖や池を汚染することになります。
　鳥インフルエンザの拡大と戦う科学者は、遺伝子操作したニワトリをつくっています。鳥インフルエンザは遺伝子操作したニワトリにも感染しますが、このニワトリでは遺伝子操作により、インフルエンザウイルスのRNA（アールエヌエー）を複製するポリメラーゼという酵素を働かなくしています。RNAはDNAに似た分子構造であり、すべてのウイルスの遺伝情報を運んでいます。ウイルスは遺伝子操作したニワトリの中で増えることはできません。よって、他の鳥に感染できません。すべての遺伝子操作されたニワトリには同時にGFPを組み込んでおきます。これにより蛍光によって、そのニワトリが鳥インフルエンザを拡散させないことがわかります。すなわち遺伝子操作していない鳥を容易に判別し区別できるのです。

右のGFPとともに遺伝子操作したニワトリのヒヨコは、左の遺伝子操作していないヒヨコと簡単に区別できる。鳥インフルエンザの伝播を防ぐためにつくられたヒヨコ。遺伝子にGFPを組み込んでいるため、ブラックライトなどの光（長波長の紫外線ライト）をあてると全身（特にくちばし）が緑色に光る。

デング熱を媒介するヤブカを蛍光タンパク質が監視

　デング熱に似た症状の患者に関する最初の記述は、紀元400年前後の中国の医学書の中にあります。発熱、目の痛み、発疹は、ウイルス性の疾患の共通する症状です。デング熱には4つの型のウイルスがあり、その中でも出血の段階に進むものでは、患者は死にも至る口内出血あるいは腸管出血の痛みにも耐えなくてはいけません。

　21世紀の今でも、デング熱はネッタイシマカ（*Aedes aegypti*）などのヤブカによる吸血を媒介して感染、世界中に拡大しています。100以上の国々で5千万～1億人の人々がデング熱に感染、それはインフルエンザ感染の20倍にも達します。

　一度デングウイルスに感染した患者は、次に異なるタイプのデングウイルスに感染すると、デング出血熱やデングショック症候群へと進行します。出血熱は、持続的な嘔吐、腹痛、呼吸困難などがともないます。重症に至る場合、24～48時間で体の毛細血管の透過性が増し、循環器系の破壊と循環性ショックを招き、もし何も治療しなければ、患者の20％は死亡します。

　有効な治療法やデング熱に対するワクチンはまだ見つかっていません。この病気をくい止める唯一の方法は、ヤブカの広がりを制限することです。ヤブカは日中に活動し、都市部の環境でも十分に繁殖します。彼らは静かな刺客であり、他の蚊のようにブンブン鳴くことはありません。研究者によると、1日に20人の人を刺した記録もあるそうです。またヤブカは一滴の水さえあれば、卵を産みつけることができるため、ヤブカの縄張りを制限したり管理したりすることは非常に難しいのです。

　ブラジルはデング熱の危険地帯ですが、医療の専門家は、最近、遺伝子操作した蛍光を発するヤブカを週に400万匹も作成できる新しい研究施設をつくりました。そして、遺伝子操作された蚊は、幼生期に性別によって区別されます。妊娠したメスのみが人を刺すので、危険なメスを殺処分した後にオスを自然界に放ちます。放たれたオスはメスを求め移動し、最終的にメスを見つけ交尾します。しかしながら、遺伝子操作されたオスのヤブカは、実は子孫を生み出すことのできない致死遺伝子をもっているのです。そのため、遺伝子操作されたオスと交尾したメスから生まれたすべての幼虫は死んでしまいます。遺伝子操作された十分量のオスを特定の地域に放てば、ヤブカを絶滅させることができます。

　この遺伝子操作された蛍光を発するヤブカが、野生のヤブカと区別がつくという特徴を利用すれば、適切な害虫駆除プログラムを計画することができます。すなわち、ヤブカを全滅させ、プログラムの効果を最大に引き出すためには、何匹の遺伝子操作されたヤブカを野に放てばよいかがわかるのです。実際に蛍光ヤブカはブラジルのジュアゼイロ市で放たれました。その結果、プログラムは有効であり、ヤブカの

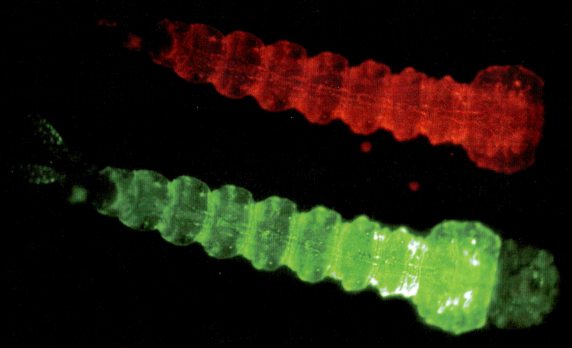

デング熱の拡散を防ぐ目的で、子孫を残さないように遺伝子操作されたヤブカの幼虫。病気を伝播する可能性のある野生のヤブカと区別できるよう、緑色や赤色の蛍光を発するように遺伝子操作されたヤブカが生み出されている。ブラックライト（長波長の紫外線ライト）を当てると蛍光を発するので一目瞭然である。

90％以上が減少しました。現在、このプログラムはブラジルの他の都市にも広がりつつあり、アメリカでも導入が検討されています。

マラリア原虫の動きを探る蛍光タンパク質

　人々はマラリアの痛みや苦しみについて、昔から記述してきました。6千年前のメソポタミアの石版の中に、あるいは紀元前800年頃の古代ヒンドゥー教の外科手術の祖とされるダンバンタリのサンスクリット語で記述された書物（スシュルタ・サンヒター）の中にもあります。また、1500〜1600年にかけて出されたシェークスピアの作品の中にも記述されています。古代中国人はマラリアによる発熱が脾腫（ひしゅ）と関係すること、罹患すれば3つの悪霊が初めにハンマーで頭痛を、次はバケツ一杯の水による悪寒を、最後にストーブに座ったような発熱を与えるといった症状の病であることを記述しています。

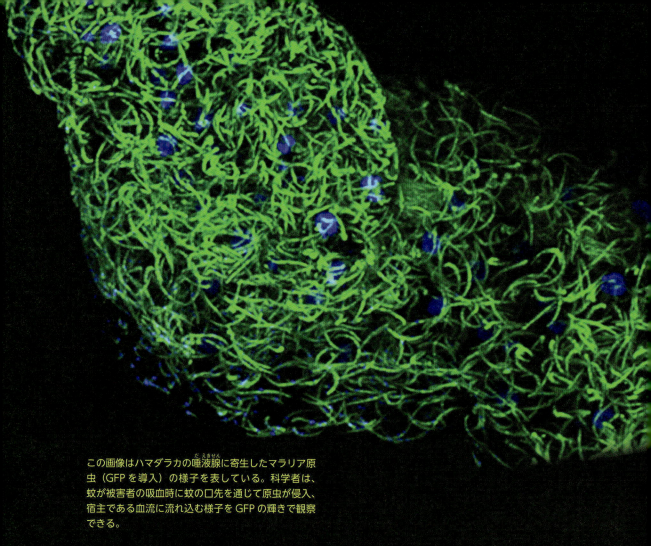

この画像はハマダラカの唾液腺(だえきせん)に寄生したマラリア原虫(GFPを導入)の様子を表している。科学者は、蚊が被害者の吸血時に蚊の口先を通じて原虫が侵入、宿主である血流に流れ込む様子をGFPの輝きで観察できる。

21世紀の我々は、マラリアはマラリア原虫(*Plasmodium*)の寄生が原因で、感染したハマダラカ(*Anopheles*)のメスが媒介することを知っています。熱帯地方に住むおよそ3〜5億人の人々が毎年マラリアに感染しています。専門家によれば、主にアフリカ地域で100万人以上の人々が毎年命を失っています。

マラリア原虫が寄生するメスのハマダラカは人の血液を餌(えさ)としますが、蚊が血液を吸った際に20〜100個の原虫が血液の中に侵入します。マラリア原虫は赤血球に存在する中央がへこんだ円盤状の真紅の色に血液を染めるヘモグロビンというタンパク質が大好物です。

マラリア原虫は肝臓に侵入した後、力を蓄え、次に血管を通じて赤血球に侵入します。この寄生虫がいかに自らを守り、肝臓を破り血中に拡散するかを研究するため、フランス、パスツール研究所のロバート・メナードらのチームは、赤色蛍光タンパク質を発現する動脈をもつ遺伝子操作マウスをつくりました。そこに緑色蛍光タンパク質を発現するマラリア原虫を感染させました。

毎秒ごとに生きたマウスの血流の中において、マラリア原虫の発する緑色蛍光を撮

鎌状赤血球貧血症とマラリア

　アフリカや南アジアの一部の地域の40％以上の住人たちには、赤血球細胞が鎌状の形となる遺伝子変異があるが、これがマラリア原虫の寄生から身を守っている。その変異により細胞は本来の中央がへこんだ円盤状の形態を失い、硬い三日月状の構造に変わる。マラリア原虫の寄生による攻撃を受けても、マラリア原虫は硬い三日月状の細胞に侵入できない。よって、赤血球は壊れることはないので、鎌状赤血球の変異をもつ人々はマラリアから身を守ることができる。

　しかしながら、この変異は鎌状赤血球貧血症という病気を引き起こす。血液細胞の通常と異なる構造は、手足や組織の血液の流れを邪魔し、痛みや細胞のダメージを招く。もし両親ともに鎌状細胞の変異をもつなら、その子孫は両方の親から一つの変異した遺伝子を引き継ぐ確率は1/4となる。遺伝の乱れはかつては致死的であったが、現在、鎌状赤血球貧血症は有効な治療法があり、2つの遺伝子コピーがあっても致死的ではない。

影することで、このチームは寄生虫の巧みな行動を記録しました。寄生虫が肝臓細胞を死滅させ、肝臓から血流中に流れ出す様子が観察されました。その後、マラリア原虫は赤血球に侵入します。そこには彼らのごちそうであるヘモグロビンがあるので、赤血球細胞のスペースがなくなるまで増殖します。そして、感染した赤血球が破裂すると同時に、寄生虫は波のように、新しいヘモグロビンをもつ赤血球に押し寄せます。寄生虫が侵入した赤血球の中には寄生虫の毒素や排出物を含むすべての産物が詰まっています。そのため、赤血球が破裂した時、それらが血液を通じて全身にばらまかれます。これは宿主である人にとって大変危険なことで、発熱、頭痛、吐き気の原因になります。さらに、次々と新しい世代の寄生虫が放出されるたびに容態は悪化します。GFPを用いた研究によって、医療専門家は肝臓がこの寄生虫により死滅させられるのを防ぐ方法を見つけようと考えています。

ガンとの戦いに挑む蛍光タンパク質

　健康な細胞が増殖する時、細胞は秩序だった制御に従っています。しかし、ガン細胞は違います。ガン細胞は無制限に成長、増殖します。そして、全身のいたるところに転移します。そしてガン細胞は全身の正常な組織内に浸透し破壊します。新しい抗ガン剤をデザインするために、科学者はガン細胞がどのように広がり、体の中の組織

に侵入するのか理解しなければなりません。1997年、AntiCancer社の研究者は緑色蛍光タンパク質遺伝子を導入したヒトガン細胞を作成しました。蛍光タンパク質は実験用マウスの中でガン細胞が腫瘍を形成する過程や、腫瘍から遊離し、体内の他の臓器で新しい腫瘍を形成するまでの血管やリンパ管内での動きを教えてくれます。この例のように、GFP技術の特筆すべき点は、腫瘍の形成過程や転移過程を、生きたモデル組織の中でのリアルタイムな観察を可能にしたことでしょう。

　ガン細胞は増殖、拡散する上で、酸素と栄養分を必要とします。ガン性腫瘍は健康な組織の周辺に形成され、基本的な栄養素を血管を通じて得ています。この新しい血管を形成する過程を血管新生とよびます。AntiCancer社は血管新生を観察するため、すべての細胞でGFPを発現させたマウスに赤色蛍光タンパク質を導入した腫瘍を移植しました。科学者は生きたマウスの中で赤い蛍光を発する腫瘍に緑色の蛍光を発する血管が成長する様子を同時に追跡できました。腫瘍に入り込む新しい血管をつくらせないことでガン細胞を弱らせ死滅させる血管新生抑制剤の試験に、この蛍光タンパク質の方法が利用されています。

蛍光タンパク質で明かす再生の秘密

　アメリカに住むおよそ170万人の人に一つかそれ以上の手足の喪失が見られます。このような喪失は事故や戦争で失った場合もありますが、最も大きな原因は、糖尿病のような体中の血管を通じた血液の流れに影響を与える疾患によるものです。体内では血流が急激に損なわれると、足などの四肢への血液の供給が断たれ、感染しやすくなるのです。そして最悪の場合、足は手術によって切断されねばなりません。

　人間の場合、医師は失った足に義足の装着をすすめるでしょう。しかしメキシコシティの湖の近くで見つかったウーパールーパー（メキシコサンショウウオ）は、体の失われた部分あるいは切り取った部分を再生する能力をもっています。もし足が失われたら、ウーパールーパーであれば完全に再生します。もし足の一部が傷ついても、新しい足の組織に生まれ変わるのです。

　科学者はウーパールーパーの再生のメカニズムを解明したいと思っています。この再生する動物の王様の仕組みを学ぶため、ドイツ人科学者はウーパールーパーの幹細胞（かんさい）ぼうの中にクラゲGFPを導入しました。科学者はウーパールーパーの（GFPを発現する）幹細胞を、傷ついたサンショウウオの中に移植しました。もしもウーパールーパーのGFP幹細胞がサンショウウオの中で機能をもち、傷の修復を助けるなら、GFP幹細胞からつくられた新しい組織は蛍光を発することになります。一方、サンショウウオそのものの組織が再生、形成したなら、その部分は光を放たないことにな

科学者は、両生類が組織の突然の欠損や傷からどのように再生するのかを知るため、GFPタンパク質を遺伝子に導入したウーパールーパーをつくった。このウーパールーパーは全身にGFPの緑色の蛍光を発する。写真はフィルターで青色の光を除いて撮影した緑色の光を放つウーパールーパー。

ります。この方法で、ウーパールーパーのGFP幹細胞が傷ついたサンショウウオの再生にどのように働くのかが観察できます。科学者はウーパールーパーが傷ついた細胞や四肢をどのように再生させるかを見つけ出したいのです。この研究から、けがや事故で起きた神経の損傷、四肢や臓器を喪失した人を助けることができるかもしれません。

蛍光タンパク質は心筋細胞の再生を支える幹細胞を発見

　健康な心臓は人生のカギです。しかしながら、感染、血管疾患、不整脈や先天性の欠損などの幅広い問題は心臓に大きな負担をかけます。事実、心臓の疾患はアメリカ、カナダ、イギリス、日本を含む多くの国で死に至る大きな原因となっています。
　心臓が鼓動するためには、エネルギー源であるATP（アデノシン三リン酸）を心筋のエネルギーに変換するための酸素を必要とします。冠動脈は心筋に酸素を含んだ血液を送りとどけます。冠動脈の血管の閉塞（詰まり）、特に最も酸素を必要とする時のストレスや過酷な運動をしている間の閉塞は、心筋への血液の供給を減少させます。

幹細胞

　ヒトの体は、例えば心筋細胞や脳細胞といった多くの種類の細胞からなる。この多くの細胞の元となるものを幹細胞という。幹細胞はすべての動物における新しい臓器をつくる、あるいは組織を再生させる"タネ"である。幹細胞が分裂した時、そのままの幹細胞となるのか、あるいは心筋や脳細胞といった細胞になるのか、2つの可能性があり、後者を「分化」とよんでいる。胚性幹細胞は、出生前そして出生後早期の成長期に、どんな細胞にでも分化できる能力をもっている細胞であり、ES細胞ともよばれる。

　大人になると幹細胞の分化できる能力は限られたものになり、主にダメージを受けた細胞の修復を幹細胞は担っている。よって、例えば、肝臓の幹細胞は肝臓の中の細胞にしかなれないので、肝臓以外の目や他のどんな臓器になることはない。研究者は幹細胞が、移動、増殖、そしてどんなタイプの細胞に分化するのか、GFPを用いて追跡している。

　もし心筋の一部の血液の流れが突然止まったら、その部分の酸素が欠乏します。心筋のエネルギーが低下しはじめると、筋肉それ自体が拍動を止めるかもしれません。これが心臓発作です。もし閉塞を運よく取り去ることができなければ、酸素の欠乏を招き、心臓細胞は死滅します。酸素を運ぶ血液が影響を受けた部分に戻り始めた時、細胞死は止まります。哺乳類の心臓は再生する能力が小さく、一般に、体の中では傷ついた心筋は筋肉から瘢痕組織へと変化します。これは筋肉ではないので、収縮機能が衰え、鼓動する心臓の能力は弱くなります。

　ニューヨーク州マウントシナイ医科大学の心筋再生を専門とする研究者ヒナ・チャウドリーは、妊娠後期の女性の心臓障害に対する高い回復力に注目しました。子どもの発達期の心臓の幹細胞が、損傷を受けた女性の心臓の修復に有効であると考えました。

　チャウドリーは妊娠マウスが心臓発作を起こした際、胚性幹細胞がへその緒を通じて傷ついた母親の心臓に移動することを蛍光タンパク質を使うことで、明らかにしたのです。このように幹細胞は、さまざまなタイプの細胞に分化できる能力をもち、当然、心筋細胞にも分化できます。このマウスの実験では、GFPを発現するオスマウスと非蛍光マウスを交尾させます。この結果、受精胚の半分は蛍光性をもちます。健康な妊娠マウスと出産後のメスマウスの心臓は蛍光を発しません。しかし、妊娠マウスの心臓に故意に心臓発作を起こさせたところ、マウスの心臓の傷ついた場所に緑色

の蛍光を発する新しい心臓の細胞を観察したのでした。

　この結果から、心臓発作を起こした後、心臓それ自体が、心臓には幹細胞が必要だという化学的なシグナルを送っていることがわかったのです。妊娠後期に心臓発作を起こした女性には、同様な仕組みが働いたのです。胚はこれに対応して救急のための胚性幹細胞を、心臓の中の化学的なシグナルの発信地に送ります。チャウドリーらはどのようにして幹細胞が心臓の細胞に分化するかを学び、この知識を患者の傷ついた心筋細胞の再生に活用したいと思っています。

GFPはヒト免疫不全ウイルス（HIV）治療のターゲットを示唆

　HIVは直径110 nmの球形のウイルスで、インフルエンザウイルスやデングウイルスよりも大きいウイルスです。HIVウイルスは糖に覆われています。それらの糖はHIVが感染した際、CD4陽性T細胞（白血球）へと侵入する際の鍵の役割を担っています。すべての細胞は機能するためにエネルギーを必要としますが、糖はもっともすぐれたエネルギー源です。糖の分子を身にまとったHIVウイルスがやってくると白血球細胞はその膜を開け、食べ物として招き入れます。そして一度、細胞の中に入ってしまえば、ウイルスは留まります。HIV感染した患者の治療の難しさの一つは、ウイルスが長期間にわたって潜伏することです。また、始末の悪いことに白血球が異物の感染と戦う時に、HIVウイルスが活性化します。その時、HIVは急速に増殖し、新しい白血球細胞を乗っ取るのです。

　HIVの研究者を悩ます問題のひとつは、どのように新しく放出されたHIV細胞がすばやく新しい白血球細胞を見つけ、乗っ取るかの仕組みです。ロンドンインペリアルカレッジのダニエル・デイヴィスらは、GFPで標識化したタンパク質をもつHIVを白血球細胞に感染させました。すると、HIVタンパク質は、2つのヒトT細胞がお互いにぶつかった時に形成される粘着性の鎖に絡みつきます。デイヴィスらは、これをHIV細胞膜ナノチューブとよんでいます。このナノチューブは離れている2つのT細胞をつなぐことができます。

　デイヴィスは、「T細胞膜のナノチューブはT細胞間を物理的に結合させることができる。HIVの一つであるHIV-1が急速に広がるうえで、このチューブが大事な役割を担っている。細胞間に広がるHIV-1こそ病気を引き起こす原因であり、このHIV-1のつながるメカニズムに注目し、チューブ形成を抑えることが抗ウイルス剤の開発につながり、最終的には新しい薬を開発する道を開くだろう」と語っています。

GFPを用いることで体内でHIV（赤色で表示）がどのように広がるかを研究している。

蛍光タンパク質は、次に何を教えてくれるのか？

　緑色蛍光タンパク質をもつオワンクラゲは、5億年前より海洋を漂い続けていました。1990年代初め、だれも蛍光タンパク質については知りませんでした。しかしながら、クラゲの光によって21世紀の新しい顕微鏡が生み出されたのでした。さらにクラゲの光は、これまで見ることが決してできなかった生命科学の世界に私たちをいざなってくれました。新しく誕生した顕微鏡のように、科学や医学に革新をもたらしました。現在、私たちは蛍光の光を頼りに、蚊がマウスを吸血するところからマラリア原虫を観察できます。また蛍光タンパク質は、HIVの追跡のため、鳥インフルエンザ耐性のヒヨコの作成のため、あるいはガン性の幹細胞の存在を確認するための貴重なツールとなっています。

　発光生物や蛍光生物は次に何を教えてくれるのでしょうか？　心を読み取り、心を制御することは、この質問のゴールではありません。なぜなら修飾した蛍光タンパク質を用いて、バージニア州のハワード・ヒューズ医学研究所のジャネルキャンパスでは、脳内の発火現象を光で可視化することで、マウスの心を読み解くことに近づきつ

つあります。またカリフォルニアのスタンフォード大学やケンブリッジのマサチューセッツ工科大学の神経生物学者は、この情報を利用し、同じニューロンに青色光を照射することにより、この情報を変化させる研究を行っています。このプロセスを通じて、遺伝子操作されたマウスの心を制御し、マウスを特定の仕事に導こうとしています。

　このように、自然の素晴らしさを科学することで生まれた発光、蛍光技術は、21世紀の科学の境界線を乗り越え、私たちの予想しない生命の輝きを教えてくれることでしょう。

ある科学者は地球上に最初に目をもつ生物があらわれたのはおよそ5億4200年前と考えている。発光するオワンクラゲは初期の発光生物であり、およそ5億年前後に生まれたものの一つかもしれない。

用語解説

- アガープレート：栄養素が含まれた寒天のペトリ皿。微生物の培養に使用。
- アデノシン三リン酸（ＡＴＰ）：あらゆる生命体のエネルギーの変換に関わる分子。
- 遺伝子：個々のタンパク質をコードするDNA単位。ヒトはおよそ2万5千個の遺伝子を、またミバエは1万3千個の遺伝子をもつ。
- 色のスペクトル：人間の目で見ることができる電磁波スペクトルの一部。可視光といわれるもので、低いエネルギーの赤色から高いエネルギーの紫色の光を指す。
- ウイルス：他の生物の生きている細胞内で複製を繰り返す小さな侵入者。ウイルスは一般的に、遺伝子物質DNA、RNAの周りをタンパク質が覆うような構造。
- カウンターイルミネーション：魚やイカの腹面において、周りの光の色と同化するために生物発光を用いること。カウンターイルミネーションとはカムフラージュの一種。
- 核酸（DNA）：遺伝子情報を蓄える分子。すべての生き物のすべてのタンパク質の情報がDNAにコードされている。
- 幹細胞：心臓細胞や筋細胞といった特別な細胞に分化する前の、何の臓器にでも変換できる未分化細胞。
- 共生微生物：2つの異なる生物種の2つの生物の関係をさすが、かならずしも相互利益があるわけでない。
- クオラムセンシング（集団感知）：微生物が与えられた空間の中で微生物の数を調べる能力を通じて自らの数の情報を交換、制御するための「私はここにいるよ」と告げるシグナル分子を検知する能力のこと。
- 酵素：化学反応を促進する大きな生体分子、タンパク質。
- 紫外線：可視光線よりも波長が短いが、X線よりも波長の長い電磁波スペクトルの一部。
- 人獣共通感染症：動物と人の間で伝染する病気。
- 生物蛍光：生体の中で、光を吸収して、低いエネルギーの光に変換することで異なる色の光を放出する。
- 生物発光：生物が化学反応で生み出す光。
- タンパク質：細胞中で最も働く大きな生体分子。タンパク質はすべての生命体の一生を通じて細胞の構造、機能、制御のすべてに関わる。
- 超解像顕微鏡：蛍光タンパク質を基礎に、光の波長の半分以下のサイズの対象物を観察できる顕微鏡。1873年から2000年まで、科学者は光の波長の限界を超えて

小さいものを見ることはできないと考えられていた。エリック・ベッチグ、ステファン・ヘルそしてウィリアム・モーナーの3人の物理学者は超解像顕微鏡を開発した研究が認められ、2014年にノーベル化学賞を受賞した。

- **電気発光**：電流の流れを通じて生み出される光。
- **バクテリアの生物発光**：微生物が化学反応で生み出す光であり、宿主の生物との共生関係で相互利益をもつ。
- **発光器**：ルシフェリン・ルシフェラーゼ反応で生物発光を生み出す光細胞。
- **発光体**：光細胞の集まりであり、発光量を最大限引き出す器官。発光組織とも言われる。
- **光受容体**：哺乳類の目の網膜にある光感受性の細胞。
- **幼生**：昆虫や両生類の生命サイクルにおいて、孵化して、羽根のない状態、あるいは芋虫状態など、成体とは異なる形態を指す。
- **リボ核酸（RNA）**：多くのウイルスが自らの遺伝情報をコードするために用いる、DNAと似た分子。
- **緑色蛍光タンパク質（GFP）**：1961年、化学者であり生物学者である下村脩がクラゲから発見した光るタンパク質。このタンパク質のクラゲ内での役割は不明である。GFPを生きている生物に遺伝子工学的に導入することで、いつ、どこで、どのようにタンパク質がつくられ、それがどこに行って、何をするかのはたらきが解明された。科学者はGFPによって病気に対する治療法や薬を開発することを目指している。
- **燐光**：周りの環境から光を吸収し、徐々に光を放出する現象。
- **ルシフェラーゼ**：ルシフェリン、酸素とともに生物発光を生み出す酵素。1885年ラファエル・デュボアによって発見される。
- **ルシフェリン**：ルシフェラーゼ、酸素とともに生物発光を生み出す低分子化合物。
- **ルシブファジン**：オスのホタルが放つ防御ステロイド分子の一種。ルシブファジンは鳥やクモに対するホタルの忌避物質。
- **冷光**：熱の放出を伴わない光。生物発光は冷光。

さて、本書でも多くの例が紹介されましたが、発光する生物の仕組みは多くの生命の不思議を解明するとともに、病気の原因の解明など、直接、私たちの暮らしに役立っています。私の所属する研究グループでは、鉄道虫、ヒカリコメツキ、ウミホタルの光を用いて薬の"タネ"を探す技術やガン細胞を見つける技術の開発も行っております。

　本書では発光性渦鞭毛藻類（うずべんもうそうるい）の発光の仕組みには触れられていません。私の夢の一つはこの発光の仕組みの解明です。なぜなら、渦鞭毛藻類のルシフェリンはクロロフィルが代謝したものであり、この仕組みを解明したなら、無尽蔵に存在するクロロフィルを原料とした光る街路樹を生み出すことができるかもしれないからです。未来は私たちの手で変えられるのです。そう、発光する生物の力で。

　本書の翻訳では多くの方のお力を借りました。国立科学博物館の窪寺恒己氏、産業技術研究所の同僚の三谷恭雄氏、橋本宗明氏には科学的なコメントを、稲葉史哲氏には全体的なコメントをいただきました。御礼申し上げます。また刊行にあたっては、西村書店にお世話になりました。本書が、発光する生物の世界に興味をもつ一助となれば幸いです。

訳者　近江谷克裕

写真提供

The images in this book are used with the permission of: © Jurgen Freund/naturepl.com, p. 1; © Doug Perrine/SeaPics.com, p. 1 (bottom); © E. Widder/HBOI/Visuals Unlimited, Inc., p. 2; © Dr. Dennis Kunkel/Joe Scott/Visuals Unlimited, Inc., p. 3 (all); Mike Lewinski/Wikimedia Commons (CC BY 2.0), pp. 4–5; © Laura Westlund/Independent Picture Service, pp. 7, 8, 12; © Masa Ushioda/age fotostock/SuperStock, pp. 10–11; © Eddie Widder, p. 13; © Eric Roettinger/Kahi Kai Images, p. 14; © Wim van Egmond/Visuals Unlimited, Inc., p. 16; © Freer Gallery of Art, Smithsonian Institution, USA/Robert O. Muller Collection/Bridgeman Images, p. 19; © E. Widder/HBOI/Visuals Unlimited, Inc., p. 21; © Norbert Wu/Minden Pictures/Getty Images, p. 22; © Sonke Johnsen/Visuals Unlimited/CORBIS, p. 23; © Trevor Williams/Taxi Japan/Getty Images, pp. 24–25; © E.R. Degginger/Alamy, p. 26; © tomosang/Moment/Getty Images, p. 27; © Photo by Werner Wolff/The LIFE Images Collection/Getty Images, p. 28; © Tsunemi Kubodera/The Royal Society via Copyright Clearance Center, p. 30; Courtey of Eddie Widder, p. 31; © Hunter Cole/Microbial Art/Science Source, p. 32; Photo Courtesy Of Asim Bej/University of Alabama at Birming via NASA, p. 34; © David Gruber/John Sparks , pp. 36–37; © Roy Caldwell, p. 38; © S. Haddock/biolum.eemb.ucsb.edu, p. 40; © Yerkes National Primate Research Center/Emory University, pp. 42–43; © Marc Zimmer, p. 44; © Anatoliy Markiv, Bernard Anani, Ravi V. Durvasula, Angray S. Kang/Journal ofImmunological Methods/Elsevier via Copyright Clearance Center, pp. 46–47; © John Cancalosi/Alamy, p. 48; © Brian Chen and Karel Svoboda, Cold Spring Harbor Laboratory, p. 49;© Helen Sang/The Roslin Institute and R(D)SVS/University of Edinburgh, p. 51; Oxitec Limited (copyright 2011), p. 53; © Dr. Carina Gomes-Santos, p. 54; © Justin Rosenberg, p. 57; © CNRI/Science Photo Library/Getty Images, p. 60; © Hiroya Minakuchi/Minden Pictures, p. 61. カバー（表）: © E. Widder/HBOI/Visuals Unlimited, Inc. カバー（裏）: © Denise Allen/flickr.com (CC BY-SA 2.0). カバーソデ: © Photo: Takashi Ota/flickr.com (CC BY 2.0) (fireflies); © Marc Zimmer (axolotl).

【著者】
●マーク・ジマー（Marc Zimmer）
1961年、南アフリカ生まれ。コネチカットカレッジ教授（専攻は化学）。世界的に著名な蛍光タンパク質の研究者である一方、教育者としての評価も高く、多くの優秀な研究者を育てている。マーク・ジマーのGFPに関するウェブサイト（http://www.conncoll.edu/cca-cad/zimmer/GFP-ww/GFP-1.htm）は雑誌"Science"でも取り上げられている。主な著書："Glowing Genes: A Revolution In Biotechnology"（Prometheus Books、2005；邦訳『光る遺伝子 オワンクラゲと緑色蛍光タンパク質GFP』）、"Illuminating Disease : An Introduction to Green Fluorescent Proteins"（Oxford University Press、2015）。

【訳者】
●近江谷克裕（おおみや・よしひろ）
1960年、北海道生まれ。群馬大学大学院医学研究科博士課程修了。医学博士。（国）産業技術総合研究所バイオメディカル研究部門長。鳥取大学客員教授。国際生物発光化学発光学会（International Society for Bioluminescence and Chemiluminescence : ISBC）前会長を務め、生物発光研究を世界的に牽引する研究者。また、サイエンスエッセイ「生命科学の大海原を生物の光で挑む」をウェブにて連載中（http://www.probex.jp/sciences/-column/）。主な著書：『発光生物のふしぎ』（SBクリエイティブ、2009）。

生命ふしぎ図鑑
発光する生物の謎　　2017年8月3日　初版第1刷発行

著＊マーク・ジマー
訳＊近江谷克裕
発行人＊西村正徳
発行所＊西村書店　東京出版編集部
　　　　〒102-0071　東京都千代田区富士見2-4-6
　　　　Tel. 03-3239-7671　Fax. 03-3239-7622
　　　　www.nishimurashoten.co.jp
印刷＊三報社印刷株式会社　製本＊株式会社難波製本

ISBN978-4-89013-772-5　C0045　NDC481.7